中国地质调查成果 CGS 2025-009
全国金矿重点调查区调查评价项目资助
大数据智能找矿预测项目资助
陕西省社科丛书

揭秘"关键矿产"

JIEMI "GUANJIAN KUANGCHAN"

钱建利　白　栋　高永宝
刘向东　侯　聪　喜俊生　编著
张　沛　金孝文　朝银银

图书在版编目(CIP)数据

揭秘"关键矿产"/钱建利等编著. —武汉：中国地质大学出版社，2025.6.
—ISBN 978-7-5625-6258-0

Ⅰ.P617.2

中国国家版本馆 CIP 数据核字第 2025UM9298 号

揭秘"关键矿产"			钱建利　等编著

责任编辑：王　敏　　　　选题策划：王　敏　　　　责任校对：张咏梅

出版发行：中国地质大学出版社（武汉市洪山区鲁磨路388号）　　邮编：430074
电　　话：(027)67883511　　传　　真：(027)67883580　　E-mail：cbb@cug.edu.cn
经　　销：全国新华书店　　　　　　　　　　　　　　　　　　https://cugp.cug.edu.cn

开本：787mm×960mm　1/16　　　　　　　字数：145千字　　印张：7.5
版次：2025年6月第1版　　　　　　　　　印次：2025年6月第1次印刷
印刷：武汉中远印务有限公司
ISBN 978-7-5625-6258-0　　　　　　　　　　　　　　　　　　定价：50.00元

如有印装质量问题请与印刷厂联系调换

前言

人类社会的发展离不开各种矿产资源的支撑保障,嫦娥六号从月球背面南极附近的艾肯特盆地带回1 935.3 g月壤,这是人类首次取回月球背面的土壤样本。这些月壤样本对于研究月球的结构构造、成分,以及月球背面与正面的差异等方面具有重要的意义。此外,在嫦娥六号取回的月壤样本中还发现了新的矿物——"嫦娥石",这引起了社会大众对月球矿产资源的浓厚兴趣。月壤中也许存在未知的"关键矿产",让我们拭目以待。

"关键矿产"一词一直备受瞩目,本书将带领大家一起揭开"关键矿产"的神秘面纱。"关键矿产"大致包括稀有、稀土、稀散金属(简称"三稀"金属),稀贵金属(铂族金属),以及部分在我国被称为有色金属而国际上公认属于稀有金属的锑、钴、钛、钒等,稀有气体和部分非金属矿产也涵盖在内。"关键矿产"是人类社会发展到关键阶段,在关键场合发挥关键作用的矿产资源,对国家经济发展和国家安全至关重要,其储量稀缺、产量有限,具有重要的经济价值和战略意义,影响着一个国家的经济实力和国家安全。

"稀"世之宝,稀土是当今世界上最具战略价值的关键矿产之一,它是一组17种化学元素的总称,被广泛应用于新能源、新材料、军工等领域,具有不可替代的作用,被称为"万能之土"。据"锂"力争,锂是一种重要的关键矿产,被称为新能源汽车的"石油"。它作为制造锂电池的核心原材料,在电动汽车、工业储能等方面的应用为传统能源与新兴能源搭建起了转换的"桥梁"。能"锗"多劳,锗也是一种重要的关键矿产,被广泛应用于光纤通信、红外光学、半导体、太阳能电池、化学催化剂、航空航天和生物医学等领域。不可低"钴",钴在关键矿产中扮演着重要角色,它是一种重要的工业金属,由于其独特的化学和物理特性,被广泛应用于合金制造、电池、磁性材料、医疗等领域。除此之外,金、银、铬、钨等重要的关键矿产，被广泛应用于珠宝、制造、电力、交通等多种领域中，是国民经济发展的重要支撑。

关键矿产在现代社会中扮演着不可或缺的角色，其应用广泛，不仅在传统产业中发挥着重要作用，在新兴产业和环保领域也展现出巨大潜力。随着经济全球化的发展和科学技术的进步，人们对关键矿产的需求不断增加。目前，国家新一轮找矿突破战略行动如火如荼地推进，千方百计找大矿、找好矿、找急需的矿，为发展新质生产力蓄势赋能，为推进中国式现代化提供能源资源保障。

为了让人们了解关键矿产基本知识，作者选择了15种世界各国都高频关注的关键矿种进行了较为详细的介绍，也期望能够为大家学习关键矿产知识、了解并掌握关键矿产的性质和用途起到抛砖引玉的作用。本书在编写过程中，得到了魏立勇、滕家欣、李宗会、李志明教授级工程师和赵东宏、魏道芳研究员的指导和帮助，在此致以最诚挚的谢意！由于每一个关键矿种的知识点很多，专业性比较强，加之笔者水平有限、收集的资料有限，本书存在不足之处，恳请读者和专家学者不吝赐教。

编著者
2025 年 4 月

目 录

1 "稀"世之宝 ……………………………………………… (1)
   1.1 庐山面目 …………………………………………… (1)
   1.2 前世今生 …………………………………………… (3)
   1.3 应用天地 …………………………………………… (4)
   1.4 未来可期 …………………………………………… (6)

2 据"锂"力争 ……………………………………………… (8)
   2.1 庐山面目 …………………………………………… (8)
   2.2 前世今生 …………………………………………… (10)
   2.3 应用天地 …………………………………………… (12)
   2.4 未来可期 …………………………………………… (13)

3 能"锗"多劳 ……………………………………………… (14)
   3.1 庐山面目 …………………………………………… (14)
   3.2 前世今生 …………………………………………… (15)
   3.3 应用天地 …………………………………………… (15)
   3.4 未来可期 …………………………………………… (18)

4 "镓"喻户晓 ……………………………………………… (19)
   4.1 庐山面目 …………………………………………… (19)
   4.2 前世今生 …………………………………………… (20)
   4.3 应用天地 …………………………………………… (20)
   4.4 未来可期 …………………………………………… (24)

5 不可"锑"代 ……………………………………………… (25)
   5.1 庐山面目 …………………………………………… (25)
   5.2 前世今生 …………………………………………… (26)

5.3　应用天地 ……………………………………………………………… (27)
　　5.4　未来可期 ……………………………………………………………… (29)
6　"钒"是必争 ……………………………………………………………… (31)
　　6.1　庐山面目 ……………………………………………………………… (31)
　　6.2　前世今生 ……………………………………………………………… (31)
　　6.3　应用天地 ……………………………………………………………… (32)
　　6.4　未来可期 ……………………………………………………………… (35)
7　无可比"铌" ……………………………………………………………… (37)
　　7.1　庐山面目 ……………………………………………………………… (37)
　　7.2　前世今生 ……………………………………………………………… (38)
　　7.3　应用天地 ……………………………………………………………… (39)
　　7.4　未来可期 ……………………………………………………………… (42)
8　"钽"为观止 ……………………………………………………………… (44)
　　8.1　庐山面目 ……………………………………………………………… (44)
　　8.2　前世今生 ……………………………………………………………… (45)
　　8.3　应用天地 ……………………………………………………………… (45)
　　8.4　未来可期 ……………………………………………………………… (49)
9　绝"钨"仅有 ……………………………………………………………… (51)
　　9.1　庐山面目 ……………………………………………………………… (51)
　　9.2　前世今生 ……………………………………………………………… (52)
　　9.3　应用天地 ……………………………………………………………… (52)
　　9.4　未来可期 ……………………………………………………………… (56)
10　"钛"山盘石 …………………………………………………………… (57)
　　10.1　庐山面目 …………………………………………………………… (57)
　　10.2　前世今生 …………………………………………………………… (59)
　　10.3　应用天地 …………………………………………………………… (59)
　　10.4　未来可期 …………………………………………………………… (64)
11　寸土"铋"争 …………………………………………………………… (66)
　　11.1　庐山面目 …………………………………………………………… (66)
　　11.2　前世今生 …………………………………………………………… (67)
　　11.3　应用天地 …………………………………………………………… (67)
　　11.4　未来可期 …………………………………………………………… (73)

12 动人心"铍" ·· (74)
12.1 庐山面目 ·· (74)
12.2 前世今生 ·· (77)
12.3 应用天地 ·· (78)
12.4 未来可期 ·· (82)

13 "铪铪"有名 ·· (83)
13.1 庐山面目 ·· (83)
13.2 前世今生 ·· (84)
13.3 应用天地 ·· (84)
13.4 未来可期 ·· (88)

14 "铟"小见大 ·· (90)
14.1 庐山面目 ·· (90)
14.2 前世今生 ·· (91)
14.3 应用天地 ·· (92)
14.4 未来可期 ·· (97)

15 不可低"钴" ·· (98)
15.1 庐山面目 ·· (98)
15.2 前世今生 ·· (99)
15.3 应用天地 ·· (102)
15.4 未来可期 ·· (104)

后　　记 ·· (106)
主要参考文献 ·· (108)

"稀"世之宝

大家好，我叫稀土，是经过一系列复杂的提炼程序才华丽变身的。变身之前，我只是一块或一堆不起眼的石头或黏土。别看我变身之前看起来一点也不起眼，但是经过提炼后的我却是超级厉害的，所以人们又称我为"万能之土"。

1.1 庐山面目

知道了我的名字，再来看看我在自然界中的存在情况吧。在自然界中，我主要依附于稀土矿，是从这些矿石中分离出来的，而且分离难度比较高。矿床类型主要有碳酸岩-碱性岩型、离子吸附型、砂矿型、磷矿伴生型等。其中，轻稀土的主要产出类型是碳酸岩-碱性岩型矿床，最具代表性的是中国内蒙古白云鄂博矿床和四川牦牛坪矿床；而重稀土的主要来源为离子吸附型稀土矿床，占比高达90%。

目前，已发现包含我的矿物约有250种，但是其中具有工业价值的只有50~60种，适用于现有选冶条件的就更少了，仅有10余种，用于工业提炼的主要有4种：氟碳铈矿（图1-1）、独居石矿（图1-2）、磷钇矿（图1-3）和风化壳淋积型矿（图1-4）。所以，我是一种非常宝贵且关键的战略资源。

在全球，我的"栖息地"比较集中。根据美国地质调查局（United States Geological Survey，USGS）2024年统计数据，2023年我的总产量为35万t。其中，中国产量高达24万t，占全球总产量的68.6%，美国产量为4.3万t，缅甸产量为2.6万t，澳大利亚产量为2.4万t，上述四国产量占2023年全球总产量的95.2%（图1-5）。由此可见，全球我的"栖息地"集中度较高。

图 1-1　氟碳铈矿

图 1-2　独居石矿

图 1-3　磷钇矿

图 1-4　风化壳淋积型矿

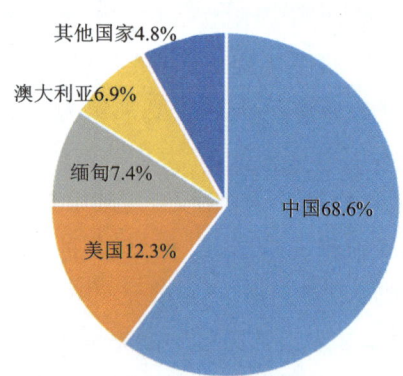

图 1-5　2023 年主要国家稀土产量分布情况（引自美国地质调查局，2024）

我在中国地域上的分布具有三大特点："线长面广""多点开花"和"重点聚集"。目前，地质工作者已在全国 2/3 以上的省（区）发现关于我的上千处矿床、矿点和矿化产地，集中分布在内蒙古包头白云鄂博、江西赣南、广东粤北、四川凉山；除此之外，山东、湖南、广西、云南、贵州、福建、浙江、湖北、河南、山西、辽宁、陕西、新疆等省(区)亦有我的踪迹,但是资源量明显少于矿化集中富集区。总体来说,我的"栖息地"遍布中国北、南、东、西,具有"北少南多"的分布特点。

1.2 前世今生

其实,我是17个成员的统称,分轻、重两大阵营(图1-6)。其中,镧(La)、铈(Ce)、镨(Pr)、钕(Nd)、钷(Pm)、钐(Sm)、铕(Eu)为轻稀土元素,钆(Gd)、铽(Tb)、镝(Dy)、钬(Ho)、铒(Er)、铥(Tm)、镱(Yb)、镥(Lu)、钪(Sc)、钇(Y)为重稀土元素。我的这些成员的名称都是有讲究的,钪(Scandium)源自发现矿石的半岛"斯堪的纳维亚",拉丁语名"Scandia";镧(Lanthanum)源自希腊语"Lanthanon",意为隐藏;铈(Cerium)源自矮行星谷神星(Ceres)之名;镨(Praseodymium)源于"Didymos"(双胞胎),而"Prasios"(绿色)描述其氧化物颜色;钕(Neodymium)源自希腊语"Neo",意为新的,以及"Didymos",意为双胞胎;钷(Promethium)源自希腊神话中盗火者普罗米修斯(Prometheus)之名;钐(Samarium)源自俄罗斯矿业工程师瓦西里·萨马尔斯基-拜科霍夫茨(Vasili Samarsky-Bykhovets)之名;铕(Europium)源自欧洲(Europe)一词;钆(Gadolinium)源自约翰·加多林(Johan Gadolin)之名,以纪念他对稀土的研究工作;镝(Dysprosium)源自希腊语"Dysprositos",意为难以获得;钬(Holmium)源自其发现者的故乡斯德哥尔摩之拉丁语名"Holmia";铥(Thulium)源自希腊神话中的北方神秘之地图勒(Thule);镥(Lutetium)源自法国村镇Lutetia之名;钇(Yttrium)、铽(Terbium)、铒(Erbium)、镱(Ytterbium)均源自第一个稀土矿石被发现的地方——瑞典伊特比村(Ytterby)之名。

图1-6 稀土(引自 https://wenku.so.com)

我的成员最早的是由芬兰化学家约翰·加多林在1794年发现并确认的钇（Y）元素，其实是钇土混合氧化物，可以从中分离出镱、铒、铽等重稀土元素；而最后一个是由美国橡树岭国家实验室科研团队的雅各布·A·马林斯基(Jacob A. Marinsky)、劳伦斯·E·格伦丹宁(Lawrence E. Glendenin)和查尔斯·D·科里尔(Charles D. Coryell)在1947年从原子反应堆铀裂变产物中分离出的钷（Pm），发现前后历经了153年（图1-7）。虽然不同元素分属上述不同阵营，但大多数都有银灰色的外表，光泽靓丽，只是我自身硬度较低，对日常生活环境有着特殊的要求，很怕湿，通常在干燥的空气中才能完整地保存自己。尽管如此，我可是有大本事的，具有极为独特的光、电、磁、热等特性。

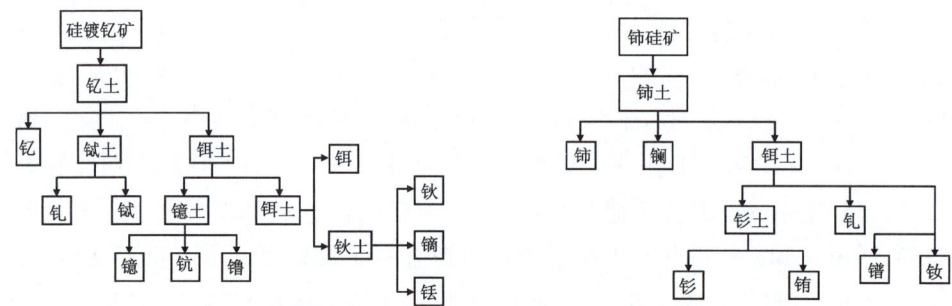

图1-7　稀土元素发现顺序（引自https://wenku.so.com）

1.3　应用天地

也许，有人不知道我有多么重要，那么我就给大家说说我的本事吧。我可是同时具备出色的光、磁、电3种性能，这是别的元素无法取代的，这种特殊性能对改进产品结构、改善产品性能、提高科技含量、促进行业技术发展起到了极其重要的作用。

1.3.1　稀土永磁材料

我与钴、铁等金属组成的合金，通过压型烧结，充磁后可制成磁性材料，主要用到的是镨、钕、铽、镝等金属。永磁材料是当前需求量最大、增幅最快、适用性最强的基础材料，它在新一代信息技术、新能源、新材料、高端装备、新能源汽车、节能环保等领域都有广泛和深入的应用。

1 "稀"世之宝

1.3.2 稀土发光材料

利用我的光谱性质，把我加工成荧光粉或发光粉，可应用于多种光学照明设备，主要用到镧、铕、钇等。

1.3.3 稀土催化材料

主要应用于汽车尾气净化催化、石油裂化催化等领域，主要用到镧、铈、镨、钕等。

1.3.4 稀土储氢材料

利用我优异的吸氢性能形成稀土储氢合金，可有效增大放电容量，主要用到镧和铈。

1.3.5 稀土抛光材料

用于提高制品或零件表面光洁度的混合轻稀土氧化物粉末，主要用到镧和铈。

据《中国制造2025》，国家未来着重发展的高端装备制造、新能源等重点制造领域，都和我有着密切的关系（表1-1）。

表1-1　17种稀土元素的应用范围

元素名称	应用范围
镧(La)	高折射率玻璃、燧石、氢气储藏装置、电池电极、相机镜片、石油提炼液体催化过程(FCC)催化剂
铈(Ce)	氧化剂、抛光粉、玻璃和瓷器的黄染料、石油提炼液体催化过程(FCC)催化剂
镨(Pr)	稀土永磁、激光、玻璃和珐琅制品染料、燧石
钕(Nd)	稀土永磁、激光、玻璃和瓷器的紫色染料、陶瓷电容器
钷(Pm)	核电池(航天器电源)
钐(Sm)	稀土永磁、激光、中子捕获装置、激微波
铕(Eu)	红和蓝的荧光粉、激光、水银灯部件
钆(Gd)	稀土永磁、高折射指数玻璃、石榴石、激光、X射线管、电脑内存、中子捕获装置

续表 1-1

元素名称	应用范围
铽(Tb)	绿荧光粉、激光、荧光灯
镝(Dy)	稀土永磁、激光、中子捕获装置
钬(Ho)	激光、金属卤素灯添加剂
铒(Er)	激光、光纤放大器掺入剂、钒钢
铥(Tm)	便携式X射线机、金属卤素灯添加剂
镱(Yb)	红外线激光、还原剂、应力计、牙齿填料
镥(Lu)	高折射率玻璃、石油工业催化剂、特殊合金
钪(Sc)	铝钪合金(用于制造航天器械)、水银灯配件
钇(Yt)	制作YBCO高温超导体

1.4 未来可期

在全球,我也一直是各国追捧的"偶像",在各国关键矿产目录中是"老成员",具有极高的经济价值和战略价值。中国、美国、日本、澳大利亚等国,以及欧盟各国均将我列入本国关键(战略性)矿产目录(表1-2)。陈从喜等(2020)学者认定对国家战略性新兴产业至关重要的矿种共有35种,我就是其中之一。

表 1-2 多国将稀土列入关键(战略性)矿产目录

国家	关键(战略性)矿产目录
中国	能源矿产:石油、天然气、页岩气、煤炭、煤层气、铀;金属矿产:铁、铬、铜、铝、金、镍、钨、锡、钼、锑、钴、锂、稀土、锆;非金属矿产:磷、钾盐、晶质石墨、萤石
美国	铝、锑、砷、重晶石、铍、铋、铈、铯、铬、钴、镝、铒、铕、萤石、钆、镓、锗、石墨、铪、钬、铟、铱、镧、锂、镥、镁、锰、钕、镍、铌、钯、铂、镨、铑、铷、钌、钐、钪、钽、碲、铽、锡、钛、钨、钒、镱、钇、锌、锆

续表 1-2

国家	关键(战略性)矿产目录
欧盟各国	锑、萤石、镁、金属硅、重晶石、镓、天然石墨、钽、铝土矿、锗、天然橡胶、钛、铍、铪、铌、钒、铋、重稀土元素、铂族金属、钨、硼酸盐、铟、磷酸盐类、锶、钴、锂、磷、焦煤、轻稀土元素、铪
日本	锂、铍、硼、钛、钒、铬、锰、钴、镍、镓、锗、硒、铷、锶、锆、铌、钼、钯、铟、锑、碲、铯、钡、铪、钽、钨、铼、铂、铊、铋、稀土元素
澳大利亚	锂、镓、钛、铬、锰、钒、钴、钨、铋、锑、镁、铂族金属、铌、钽、铍、锆、稀土、铪、锗、铟、铪、铼、氦、石墨、高纯氧化铝、硅

市场对我的需求量参差不齐,其中需求量较大的元素有镧、铈、镨、钕(4 种元素合计占稀土总需求量的 93%)。在 2022 年 3 月的价格高点时期,市场价值最高的稀土元素是与高性能永磁材料相关的氧化镨钕(约 110 万元/t)、氧化铽(约 1510 万元/t)、氧化镝(约 310 万元/t)。按照稀土永磁材料对镨、钕需求量的推算,2025 年全球对我的需求量将达到 45 万 t。中国对我的消费占比和全球消费占比基本一致,未来中国对我的需求量年均增速将维持在 6%~10%,预计 2025 年中国对我的需求量约为 40 万 t。

这就是我,一种看起来不起眼却不可再生的资源,人类社会发展需要我,所以请大家一定要珍"稀"。

2 据"锂"力争

近年来,随着能源结构加速转型,新能源汽车产量急速增长,储能电池成为保证新能源汽车稳定发展的关键。而锂作为制造锂电池的核心原材料,在电动汽车、工业储能等方面的应用为传统能源与新能源搭建起了转换的"桥梁"。

2.1 庐山面目

锂,化学符号为 Li,在元素周期表中位于第 2 周期第 IA 族,密度为 $0.534 g/cm^3$,熔点为 180.54℃,沸点为 1342℃。锂的新鲜表面呈银白色金属光泽,但它在干燥空气中极不稳定,会迅速与氧气和氮气反应,表面生成一层灰暗的氧化膜而失去光泽,常形成氧化物并赋存于硅酸盐类矿物中,主要形成于岩浆结晶分异晚期的伟晶作用阶段和气成热液阶段,尤其是在伟晶作用晚期,常形成有价值的伟晶岩型锂矿床,而锂辉石(图 2-1)是花岗伟晶岩型锂矿中的核心锂矿石矿物。

图 2-1 伟晶岩型锂辉石

2 据"锂"力争

锂被人发现已有 200 多年,最初它作为抗痛风药的主要成分服务于医学界。直到 20 世纪初,锂才开始步入工业界,崭露头角。如锂与镁组成的合金,能像点水的蜻蜓那样浮在水上,既不会在空气中失去光泽,又不会沉入水中,成为航空、航海工业的宠儿。

世界上锂矿主要赋存在盐湖卤水中,占到已探明锂矿储量的 70%～90%。那么盐湖卤水型锂矿到底是如何形成的呢?日复一日,年复一年,岩石中的矿物质不断被流水溶解,在干旱的内陆高原,找不到流向大海出路的河水只能在洼地里积水成湖,湖水经过蒸发浓缩,将水中的微量盐分留在湖里。经过漫长的岁月,湖水中盐分浓度越来越高,直至饱和析出,就形成了盐湖。当注入盐湖的河水流经含有锂的岩石时,会将锂带入盐湖中,经过漫长的富集、积累,这座盐湖就会成为珍贵的锂矿(图 2-2)。

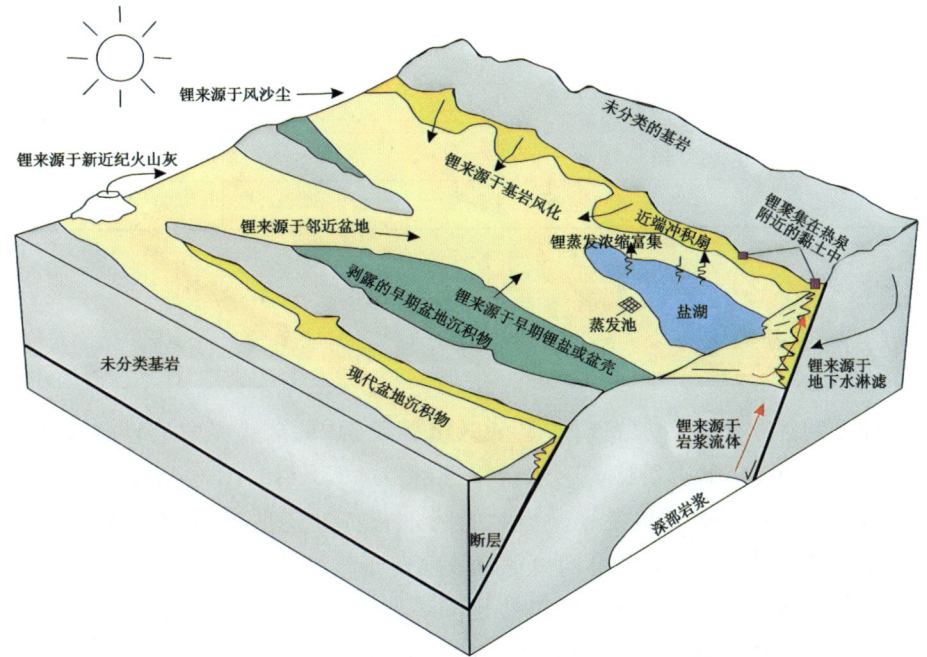

图 2-2 盐湖卤水型锂矿成矿示意图(据刘成林,2014 修改)

不管从全球锂资源量还是从储量来看,锂都属于丰富资源。根据中国地质调查局全球矿产资源战略研究中心发布的《全球锂、钴、镍、锡、钾盐矿产资源储量评估报告(2021)》,截至 2020 年底,全球锂矿项目在录 376 个,110 个有资源量数据,分布在 20 个国家,评估全球锂矿资源量为 34 943 万 t。2020 年全球锂储量约 12 828 万 t,其中智利 5267 万 t,澳大利亚 1839 万 t,阿根廷 1693 万 t,美国 57 万 t(表 2-1)。

表 2-1 全球锂矿(碳酸锂)储量主要分布国家

排名	国家	储量/万 t	全球占比/%
1	智利	5267	41.06
2	澳大利亚	1839	14.34
3	阿根廷	1693	13.20
4	中国	810	6.31
5	美国	570	4.44
6	加拿大	369	2.88
7	刚果(金)	363	2.83
8	津巴布韦	243	1.89
9	墨西哥	173	1.35
10	西班牙	79	0.62
11	其他	1422	11.08

2.2 前世今生

锂是继钾和钠之后被发现的又一碱金属元素,是自然界中最轻的金属,由瑞典化学家约翰·奥古斯特·阿尔费特逊(Johan August Arfwedson)在 1817 年分析研究透锂长石时首次发现。当时的阿尔费特逊还是个 20 岁的年轻人,在分析研究从瑞典攸桃岛采得的锂长石时,发现矿石各组成成分的总量只有 97%,缺少 3%,经过反复分析后仍然是同一结果。这使他意识到,这种矿石中含有某种尚未被分析出来的未知元素。进一步研究后,他发现这种矿石中所含的"钠"不同于一般的钠,形成的碳酸盐只是少量溶于水;这种矿石也不同于钾,用酒石酸处理后不能形成沉淀。于是他认为可能有一种新金属存在。他利用该金属的硫酸盐与钾和钠的硫酸盐在水中的溶解度不同,分离出这种新金属的硫酸盐。按照瑞典化学家永斯·雅各布·贝采利乌斯(Jöns Jacob Berzelius)的意见,钾和钠是从植物中发现的,而锂是从矿石中发现的,于是阿尔费特逊将这

2 据"锂"力争

一新金属命名为 Lithium,该词来自希腊文 Lithos(石头),元素符号定为 Li。但是后来不久,德国物理学家古斯塔夫·罗伯特·基尔霍夫(Gustav Robert Kirchhoff)和化学家罗伯特·威廉·本生(Robert Wilhelm Bunsen)利用分光镜分别在动物和植物体中发现了锂。

还有一种含锂的矿石——锂辉石,在阿尔费特逊发现锂之前,德国化学家马丁·海因里希·克拉普罗特(Martin Heinrich Klaproth)就对它进行过分析,也发现各组成成分的总量不到100%,少了9.5%,他却因为无法说明原因而放弃了进一步的研究,错过了从锂辉石中发现锂的机会。阿尔费特逊曾将锂的氧化物与铁、碳混合加热,试图获得金属锂,但没有成功,也曾利用电流分解它的氧化物,也没有成功。后来英国化学家汉弗莱·戴维(Humphry Davy)通过电解锂的氯化物得到了少量的金属锂。直到1855年,本生和英国化学家奥古斯塔斯·马西森(Augustus Matthiessen)通过电解熔融的氯化锂,才获得了较大量的金属锂,并对锂的性质进行了较为详细的研究。锂在地壳中的含量比钾和钠少得多,它的化合物也较少见,这也是它比钾和钠发现得晚的原因(图2-3)。

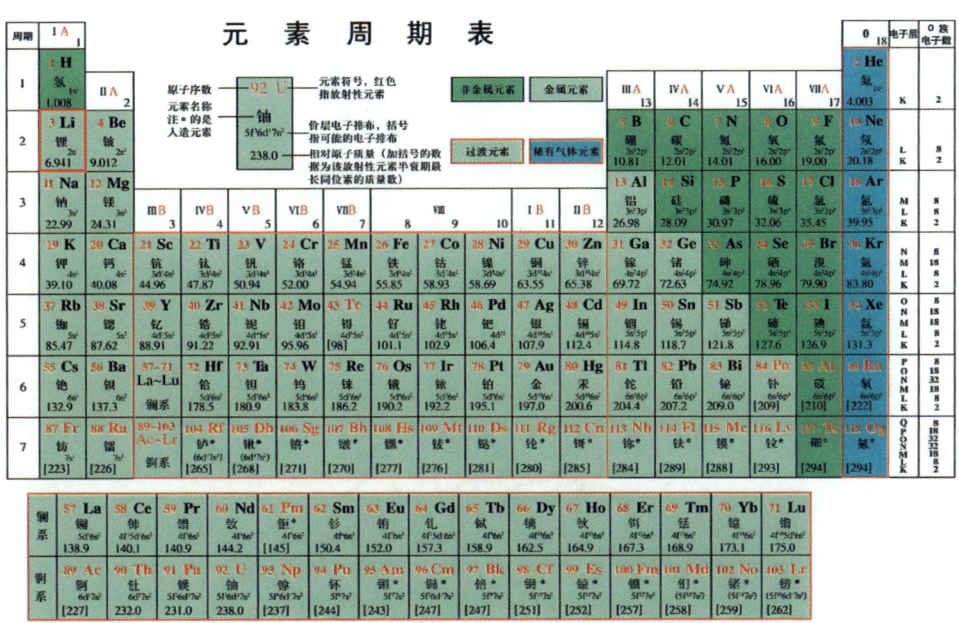

图 2-3 锂元素在元素周期表中的位置

2.3 应用天地

2.3.1 金属界的"多面手"

锂主要应用在电池、陶瓷、玻璃、润滑剂、医药化工、航空航天、国防军工、核能等领域。据2025年1月美国地质调查局发布的报告,锂的终端消费市场为电池87%,陶瓷和玻璃5%,润滑剂2%,连铸型助熔剂粉末1%,医药1%,空气处理1%,其他用途3%(图2-4)。

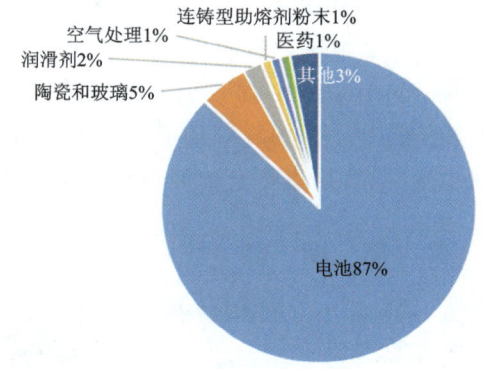

图2-4 锂的终端消费市场估计分布(数据引自美国地质调查局,2025)

2.3.2 新能源汽车的"石油"

世界上大多数的新能源汽车使用的是锂电池(图2-5)。锂主要以化合物和金属形式应用于电池领域。比如,氯化锂、碳酸锂、氢氧化锂主要应用于锂电池材料中,钴酸锂、镍钴锰酸锂、镍钴铝酸锂等主要应用于锂电池正极、负极、电解液材料中,金属锂主要应用于锂电池负极材料中。

图2-5 锂电池(引自https://cn.bing.com/images/)

2 据"锂"力争

2.3.3 航空航天领域未来的"动力"

锂被公认为未来动力能源的发展方向。锂及其化合物形成的高能燃料,具有燃烧温度高、速度快等特点,所以将来可以考虑用锂或锂的化合物制成固体燃料,当作固体推进剂,为宇宙飞船、火箭等飞行器提供推动力(图 2-6)。

图 2-6　长五 b 遥四运载火箭(引自 https://cn.bing.com)

2.4　未来可期

国家能源资源安全、产业安全、战略性新兴产业的跨越式发展等重大战略对锂矿资源提出了新的需求。根据统计数据,2024 年我国进口锂精矿约 525 万 t,主要来自澳大利亚、巴西等国家,对外依存度高达 60%。因此,在新一轮找矿突破战略行动中,锂矿已被列为优先的紧缺战略性矿种。根据美国地质调查局公布的最新 50 种关键矿产目录,锂矿仍然是关键矿产目录中的"老成员"。

显而易见,锂作为 21 世纪的能源金属,是保证我国能源资源安全的关键矿产和战略资源。随着百年未有之大变局加速演进和地缘政治持续动荡,锂的战略意义将进一步提升,我们一定要据"锂"力争。

3 能"锗"多劳

偶然看到了一部战争片《黑鹰坠落》,影片中士兵在夜晚向敌人发动进攻,在飞机上使用红外热像仪(图 3-1)来观察敌方位置的画面一直让笔者印象深刻。在冷兵器时代,由于光线和地域的限制,士兵夜晚作战面临诸多困难,而红外热像仪能在完全黑暗的环境里探测到物体,具有隐蔽性,且不受烟雾、粉尘等因素影响,仿佛让人有了"透视眼"。因此,红外成像技术已成为现代军事领域中的秘密武器。而锗正是红外光学成像系统中不可替代的原材料。

图 3-1 军用红外热像仪

(据 https://image.baidu.com/修改)

3.1 庐山面目

锗(Germanium)是一种化学元素,元素符号为 Ge。它在地壳中的储量较少,且分布不均匀,根据目前的估计,全球每吨地壳中含有锗 1.5~2.5g。锗单质是一种灰白色准金属,有光泽,质地较硬,化学性质与锡和硅相近,在空气中较稳定。在自然界中很少以单质形式存在,通常与其他元素结合形成化合物。金属锗(图 3-2)及其化合物具备良好的半导体性质,在红外光学系统中具有较高的透明度和折射率。据美国地质调查局数据,锗在光纤通信、红外光学、半导体、太阳能电池、化学催化剂、航空航天和生物医学等领域扮演着重要角色,是一种重要的战略资源。

图 3-2 锗金属

3 能"锗"多劳

3.2 前世今生

俄国化学家德米特里·伊万诺维奇·门捷列夫（Dmitri Ivanovich Mendeleev）于1869年发表了一份名为《化学元素周期律》的研究报告，他预测了数种未知元素的存在，其中一种元素填补了碳族中硅和锡之间的空缺。由于该元素在周期表中的位置，门捷列夫把它命名为拟硅（Ekasilicon，Es），并将其原子量定为72。

1885年夏季，在萨克森王国弗莱堡附近的一个矿场，发现了一种新的矿物。由于这种矿物的含银量高，所以被命名为Argyrodite（现被称为硫银锗矿）。德国化学家克莱门斯·温克勒（Clemens Winkler）分析了这种矿物，并于1886年成功从中分离出一种新的元素。他最初认为这种新元素是类锑，但很快就又确信它是类硅。在他发表成果之前，他原本打算用Neptunium（镎）来为新元素命名，由于与也是通过理论预测并发现的海王星（Neptune）名字类似，并且镎这个名字当时已被另一元素占用（不过不是今天叫镎的元素，它到1940年才被发现），因此温克勒改用他的祖国——德国的拉丁语"Germanium"来为元素命名。锗继镓和钪之后被发现。

3.3 应用天地

3.3.1 小金属，大本领

为什么锗在地壳中的含量很少，应用领域却非常广呢？这与锗元素的双面特性紧密相关。

锗作为准金属，因为位于元素周期表中金属元素与非金属元素的分界线上，同时具备了金属和非金属的性质（图3-3）。

3.3.2 发现真相的"眼睛"

金属锗相比其他材料具有较宽的红外波段，较高的透过率、折射率和低色散特征，在不同波长的红外波段的表现更加理想；同时，其环境适应性较好，加工方便、成本较低，是热像仪理想的窗口、透镜和转鼓材料。

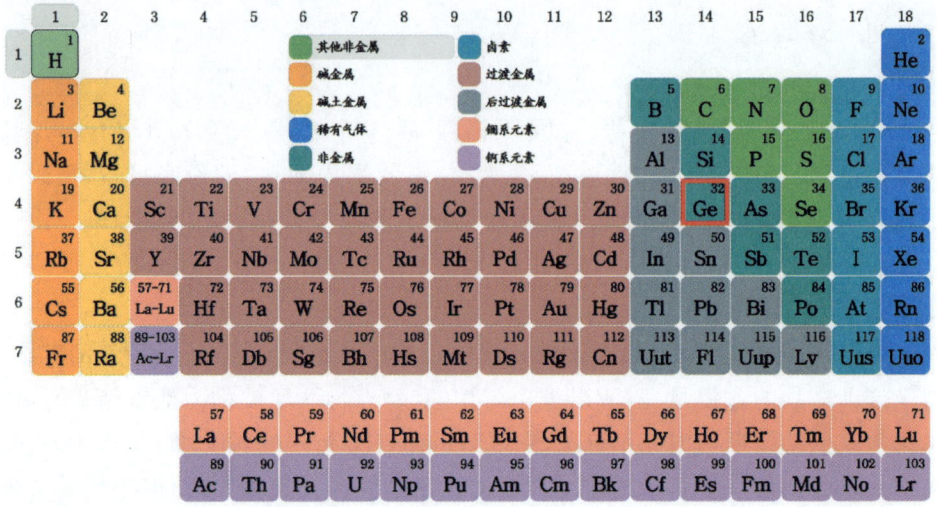

图 3-3　锗元素在元素周期表中的位置（白栋绘，2025）

锗晶片（图 3-4）在红外光学行业应用十分广泛，全球有超过 2000 万的部队都装备了锗晶片的红外成像设备，特别是美国和俄罗斯这样的军事大国，都在红外装备上投入了大量研发资金。不只是在军事上有应用，锗晶片在安防上也有非常大的市场，比如边境和机场的安检设备等，都在加大对锗晶片红外设备的应用。在民用市场，锗晶片的应用范围也非常广泛，汽车、消防、医疗等监测设备上都应用了锗晶片。

图 3-4　锗晶片

3.3.3　通信技术的"引擎"

随着 5G 时代的到来，人们对生活品质有了更高的要求，信息通信已成为生活中的"刚需"。如果说宽带是信息通信的"运输机"，那光纤则是"运输机"中的"战斗机"，而锗正是"战斗机"的"引擎"。光纤是被广泛采用的通信导体，目前没有其他产品可以替代。随着全球光纤需求持续增加，光纤通信市场规模将继续扩大，锗在光纤通信领域的应用将更加广泛，可用于制造高速通信器件和光纤材料。高纯度四氯化锗是制作光纤预制棒的重要原材料，可以实现光信号的零损耗传输，增加光传输距离，大幅提高光纤性能（图 3-5）。

3 能"锗"多劳

 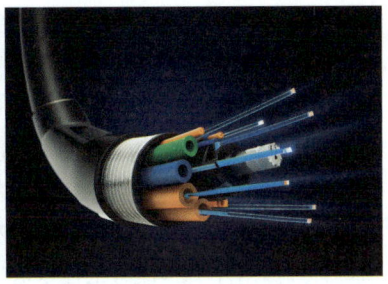

图 3-5　高纯四氯化锗光纤（引自 https://image.baidu.com/search/）

3.3.4　太空的"卫兵"

随着全球科技水平的不断提升，世界各国航空航天产业竞争已进入白热化阶段，尤其是近年来，全球太空站建造、人造卫星发射活动愈发频繁。根据美国卫星产业协会（SIA）统计，2020年全球卫星产业市场规模达到3710亿美元，在轨运行卫星数量10年内增加到3371颗，增长率为252%。我国神舟十六号飞船的圆满发射，宣告我国航空航天产业迎来重要发展机遇期。在此背景下，全球人造卫星和航天器的大量发射为空间站太阳能电池的发展提供了广阔的市场空间。

锗基太阳能电池具有抗辐射、耐高温、高光电转换效率等特点（图 3-6），很快将取代传统的晶体硅太阳能电池，在人造卫星、太空站和探测器建造等应用领域建立巨大的优势，可有效延长太阳能电池的寿命，进而延长人造卫星和太空站设备的工作寿命，保障航空航天产业的安全和稳定。

图 3-6　锗基太阳能电池

揭秘"关键矿产" JIEMI "GUANJIAN KUANGCHAN"

3.4 未来可期

锗资源在全球分布相对不均匀,已经探明的储量为8600t,主要分布在美国、中国和俄罗斯。其中,美国储量为3870t,中国储量为3500t,分别占全球储量的45%和41%。2021年全球金属锗产量为178t,其中,原生锗产量159t,回收锗19t。目前,中国仍然是全球最主要的锗矿出产国,占全球锗产量的50%以上,但由于加工技术和设备落后,将很多的锗初级产品出口到国外,又从国外进口深加工的锗产品,浪费了资源还增加了成本。

虽然美国锗资源储量全球第一,但按照以往每年的开采速度估算,不到40年锗矿资源就将开采殆尽,所以美国将锗矿列为未来极其重要的矿种并进行了战略储备保护,现在每年从中国进口大量的锗,目前已成为全球最主要的锗进口国。

不言而喻,国际局势的复杂多变使锗在军事、通信和航空航天领域的应用越来越广,可以说已经到了"得锗者得天下"的地步,其战略意义变得至关重要。为了确保锗资源的可持续供应,我们必须持续强化资源保障工作,不断创新技术,提高开采效率,并寻找新的锗资源来源渠道。同时,要合理开发利用和回收已使用的锗,减少资源浪费,减轻环境负担。

4 "镓"喻户晓

4.1 庐山面目

镓是一种化学元素,元素符号为 Ga,原子序数为 31,位于元素周期表的第 4 周期第 ⅢA 族,为一种贫金属(图 4-1),与铝、铟和铊具有相似的特性。镓的物理化学性质独特,单质在常温下为亮银色固体,质地柔软,密度相对较低,具有良好的超导性、延展性以及优良的热缩冷胀性能;在干燥空气中较稳定,会生成氧化物薄膜阻止氧化,置于潮湿空气中会逐渐失去光泽,温度达到 29.76 ℃ 时即熔化成液体,呈强烈的

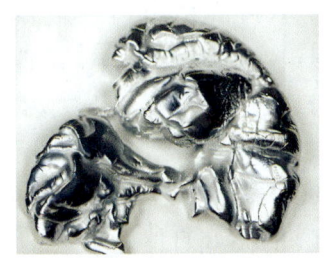

图 4-1 金属镓

(引自 http://www.360doc.com/content/24/1230/18/25479405_1143359601.shtml)

金属蓝色,是一种非常罕见的低熔点金属,而其沸点却非常高,达到 2403 ℃,与铜、银、铁等高沸点金属相当。镓与沸水反应剧烈,生成氢氧化镓和氢气,能溶于无机酸(产生 Ga^{3+})或苛性碱溶液,与碱反应放出氢气,生成镓酸盐;高温时能与卤素、硫、磷、砷、锑等反应。镓能浸润玻璃,因此不宜使用玻璃容器存放,通常使用塑料或橡胶容器封存。镓在地壳中分布非常广泛,但它的含量很低,约为 0.001 5%,通常以分散状态存在于铝土矿、铅锌矿、闪锌矿等矿石中,不以纯金属状态存在;自然界中镓矿物主要有硫镓铜矿($CuGaS_2$)和硫铜镓矿[$(Cu, Fe, Zn)GaS_4$],但无矿床形成,锗石矿中镓的含量较高。此外,煤中也含有丰富的镓,但提炼难度较大,尚未产业化。镓的工业应用始于 20 世纪 60 年代初,大

规模生产始于20世纪80年代,砷化镓(GaAs)作为新型优质半导体材料在微波器件、激光器和发光二极管等产品中的应用,使得镓的消费量显著增加,特别是蓝色LED的研究成功和白色LED的开发,开启了一场"照明革命"。此外,镓还被广泛应用于国防、现代航空、新能源汽车、光伏、医学和无线通信等高科技领域,由于它在高科技领域的重要性,镓被多个国家列为战略资源。

4.2 前世今生

镓(Gallium)是一种稀有的稀散金属元素,它的发现可以追溯到1871年,当时俄国化学家门捷列夫在完善他的元素周期表时,预测了一种尚未被发现的元素。他预测这种元素的原子量大约是68,密度为$5.9g/cm^3$,并且性质与铝相似。门捷列夫的这一预测引起了法国化学家保罗·埃米尔·勒科克·德·布瓦博德兰(Paul Émile Lecoq de Boisbaudran)的注意,他开始寻找这一未知元素。同年,他在分析闪锌矿矿石时,从分光镜中观察到了一个新的紫色光谱线,随后通过电解镓的氢氧化物成功地从闪锌矿中提取出了这种新金属,从而确认了镓的存在,为纪念他的祖国,以法国古称"高卢"(Gallia)命名了这一新元素。镓的发现是化学史上的一个重要里程碑,因为它是第一个根据元素周期表的理论预测并随后在自然界中被发现的元素。

4.3 应用天地

4.3.1 战略"镓"

2023年7月3日,我国宣布对镓、锗相关物项实施出口管制,以维护国家安全和利益(图4-2)。不光我国,美国、日本等国也已将镓列为"战略资源",欧盟将其列入关键原材料目录。镓是地球上的"稀散金属",顾名思义,就是不光稀有,而且极其分散,极少有独立矿床,不过大家也不用过分焦虑,因为我国的镓储量居世界首位。温汉捷等2020年发表在《科学通报》的文章《中国镓锗铊镉资源》显示,稀散金属对高科技和未来能源的发展具有"四两拨千斤"的重要作用。丁国峰和吕振福2021年发表在《地球》的文章《镓——战略性矿产家族的新成员》介绍,镓的一系列化合物被广泛应用于无线通信、化学工业、医疗设备、太阳能电池和航空航天等高科技领域,被称为"半导体工业的新粮食""电子工业的脊梁"。因此,镓被很多国家视为21世纪的战略物资,并加以保护和储备。

图4-2　我国出口管制镓、锗

(引自 https://www.163.com/dy/article/I94VATCI0553DBTV.html,有修改)

4.3.2　企业"镓"

镓是制造半导体的核心材料,能与多种金属和非金属形成一系列化合物,广泛应用于国防军工、现代航空、新能源汽车、光伏、无线通信等高科技领域。下面我们一起认识一下电子产业链中的一"镓"五兄弟。

"大哥"砷化镓(GaAs):有"半导体贵族"之称,具有高频率、高电子迁移率、高输出功率、低噪声以及线性度良好等优越特性,随着航空航天(图4-3)、AI(人工智能)(图4-4)、物联网以及各式电子设备的更新发展,砷化镓的作用将进一步显现。

图4-3　卫星通信　　　　　　　图4-4　人工智能

"二哥"氮化镓(GaN):氮化镓是一种具有宽带隙的半导体材料,是极稳定的化合物,又是坚硬的高熔点材料,熔点约为1700℃,具有优良的电子迁移率和电子饱和漂移速度,它被用于制造高效率、高频率和高功率的电子器件,如移动通信基站（图 4-5）、快速充电器（图 4-6）、电动汽车的功率转换器以及高亮度 LED 等。

图 4-5　通信基站

图 4-6　氮化镓充电器

（引自 https://baike.baidu.com/）

"三弟"磷化镓（GaP）：磷化镓半导体的电阻率低，因此可以用来制作集成电路中的微小导体线路，同时，高载流子迁移率使其在高频电子元件中表现出良好的性能，在高频电子元件、光电探测器（图 4-7）、发光二极管（LED）（图 4-8）以及通信和计算机行业中得到广泛应用。

图 4-7　GaP 跨阻光电探测器

图 4-8　发光二极管

"四弟"锑化镓（GaSb）：锑化镓是一种重要的红外光电材料，用于制造红外探测器和焦平面阵列，在军事侦察、环境监测和医学成像等领域有着重要应用（图 4-9、图 4-10）。

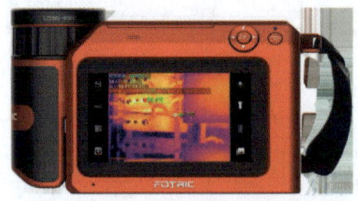

图 4-9　热成像相机

图 4-10　夜视系统

4 "镓"喻户晓

"五弟"铟镓砷(InGaAs)：一种重要的光电子材料，用于制造高速光通信系统中的激光器和光电探测器，也可用于太阳能电池，以提高电池的光电转换效率(图4-11)。

图 4-11　太阳能电池应用

4.3.3　医学"镓"

CT机核心部件之一的球管，直接决定了CT机的成像效果和使用寿命，2023年的中国国际医疗器械博览会(CMEF)上，美的集团旗下企业万东医疗展示了全新的TurboTom3系列CT机(图4-12)，其用镓合金液态金属球管取代了传统的滚珠轴承球管，不仅能够大功率稳定输出，整机性能也实现了全面提升。抗生素被发明以前，人们知道利用铜、汞来杀菌，但杀菌的效果并不是很好，随着现代医学发展，科学家发现镓能够被细菌吸收，而且在被细菌吸收之后直接破坏细菌的代谢，使细菌的存活率大大降低，这是人类金属抗菌的一次突破。镓元素因其较好的生物相容性和低毒性，还可以用来制造人工骨骼、人工关节、牙齿填充材料等。

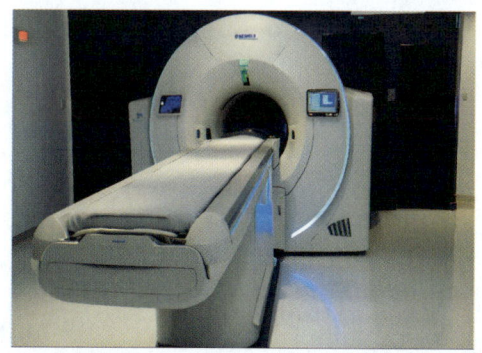

图 4-12　TurboTom 3 系列 CT 机
（引自 https://xueqiu.com/5376069401/281245855？ md5__1038=
n4IxcDnDyD0A3Y5qGN9eew 4OUiG％3DbzYiY74D,有修改）

23

4.4 未来可期

镓是制造某些关键半导体材料的必需品,特别是对于高频、高速、高温及抗辐照等微电子器件的研制具有重要作用,这些器件在军事通信、雷达系统、夜视设备以及航空航天领域中发挥着关键作用。由于镓的这些军事用途,一些国家将其作为战略储备物资,以确保在冲突或危机时期能够维持军事技术的优势。我国对镓的出口实施管制,这表明了镓在全球供应链中的战略地位,同时也反映了镓在国际政治和经济关系中的重要性。中国在全球镓的供应中占据主导地位,这使得其他国家在考虑镓的战略储备和供应链安全时必须考虑中国的影响。各国在镓的开采、加工和应用方面既有合作也有竞争,特别是在全球战略性新兴产业的竞争中。西方国家,特别是美国,面对镓供应的挑战,正在采取措施增加国内对关键材料的开采和加工,以减少对外依赖。

镓的发展前景十分广阔,随着科技的进步和对高性能材料需求的增加,镓的战略地位日益凸显。特别是在5G通信、新能源和半导体产业的快速发展中,镓的需求将持续增长。此外,随着回收技术的进步和对环境保护的重视,镓的二次回收利用也将成为未来发展的重要方向。

5 不可"锑"代

5.1 庐山面目

锑是一种化学元素,化学符号为 Sb,单质锑是一种银白色有光泽、硬而脆的金属(图 5-1),导电、导热性较差,化学活性较低,在干燥空气中能够保持稳定,不易与其他物质发生反应,但加热会升华。与其他金属不同,锑具有热缩冷胀特性。锑属亲铜元素,易与硫结合,在地核、地幔和地壳中的丰度均很低,分别为 0.14×10^{-6}、0.006×10^{-6} 和 0.02×10^{-6},而在黑色页岩中明显富集,为 5.0×10^{-6},是一种典型的低温成矿元素,在自然界中主要以硫化物矿物辉锑矿(Sb_2S_3)的形式存在,"锑"家族主要有灰锑、黑锑、黄锑和爆锑。

图 5-1 金属锑

灰锑:呈现蓝白色金属光泽,具有菱形结构,类似于灰砷,是锑的所有同素异形体中最稳定的形态。它在自然界中以矿物形式存在,并且在工业应用中最为广泛(图 5-2)。

黑锑和黄锑:这两种同素异形体都是亚稳态,与灰锑相比,它们的物理性质和化学活性有所不同。黑锑和黄锑在自然界中较为罕见,且在工业上的应用不如灰锑广泛。

爆锑:这种形态的锑在受到摩擦或撞击时可能会爆炸,因此得名。当金属物体划过它时,会产生白烟。这种同素异形体的稳定性较低,且具有危险性,因

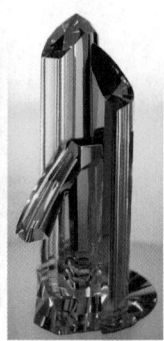

图5-2 灰锑

此在实际应用中较为罕见。

除了上述已知的锑同素异形体外,还有研究表明可能存在更多的锑同素异形体,例如纳米锑(包括锑烯和锑纳米管),这些纳米形态的锑同素异形体具有独特的物理和化学性质,使其在材料科学和纳米技术领域具有潜在的应用价值。

5.2 前世今生

锑的发现和利用历史悠久,其矿物形式在自然界中的存在可以追溯到古代。据考古发现,锑的化合物在古埃及和美索不达米亚等地区已被用于化妆品、装饰品和药品,如在迦勒底的泰洛赫(今伊拉克)发现的锑制花瓶碎片可以追溯到公元前3000年,而在埃及发现的镀锑铜器则可以追溯到公元前2500年至公元前2200年。公元前18世纪左右,人们在匈牙利发现了小块的锑矿物,公元前7世纪至公元前6世纪装饰砖的釉料中也发现了黄色的锑酸铅。到了中世纪,锑被用来制作铅字,还被当作泻药使用。

尽管锑及其化合物在古代已被使用,但锑作为一个独立的元素被认识和定义的时间较晚。1748年,英国化学家和医生乔治·斯蒂伯特(George Stibbert)首次将锑确认为一种元素,而不是之前认为的金属或非金属。锑的名字来源于希腊语中的"Anti"(反对)和"Monos"(单独),意指其在自然界中通常以化合物形式存在,而不是以单独的元素形式存在。锑的发现和认识是一个逐渐深入的过程,在科学发展的过程中,通过化学分析和实验,人们逐渐揭开了锑元素的神秘面纱,其化学符号是由瑞典化学家贝采利乌斯提出的,他使用"Stibium"的缩

5 不可"锑"代

写形式作为元素符号,这也是锑元素现代符号的由来。

全球锑资源主要分布在中国、俄罗斯、玻利维亚等国家。其中,中国是世界上锑资源最丰富的国家,锑占全球储量的 24% 左右,主要分布在湖南、广西、西藏、贵州、云南、甘肃等省(区)。

5.3 应用天地

5.3.1 阻燃"协助员"

由于锑系阻燃剂具有阻燃效率高、成本低、添加量少、与材料兼容性好等优点,它们在塑料、橡胶、油漆、纺织品等行业中得到了广泛应用。尤其在无机阻燃剂中占有重要地位,在与卤素阻燃剂配合使用时,通常作为卤素阻燃剂的协效剂,能够显著提高材料的阻燃效果(图 5-3),主要包括三氧化二锑(Sb_2O_3)和五氧化三锑(Sb_3O_5)。其工作原理主要是在材料燃烧时,通过与卤素化合物反应生成挥发性的三卤化锑,这些三卤化锑在气相中作为自由基捕捉剂,降低燃烧反应中的自由基浓度,从而减缓或终止燃烧链。此外,三氧化二锑(Sb_2O_3)在燃烧初期会熔融并在材料表面形成一层致密的保护膜,隔绝空气,降低燃烧温度,并通过气化稀释空气中的氧气,进一步达到阻燃效果。

图 5-3 Sb_2O_3 协效阻燃剂

(引自 https://baijiahao.baidu.com/s?id=1750995939787211771&wfr=spider&for=pc,有修改)

然而，锑系阻燃剂也存在一些缺点，如燃烧时可能产生大量烟雾，对材料的力学性能可能产生负面影响，且产生的卤化氢及三氧化二锑（Sb_2O_3）粉尘对人体有害等。随着环保法律法规的日益严格和公众对健康安全的关注度不断提高，无卤阻燃剂的市场份额正在逐渐增加。但锑系阻燃剂因其在某些高要求阻燃效率领域的不可替代性，预计短期内仍将保持其市场地位。同时，新型无害卤系阻燃剂的研发也在不断进行中，以期在保持阻燃效果的同时减少对环境和人体的影响。

5.3.2 金属"强化剂"

锑在合金中的主要作用是增加硬度，被称为合金的硬化剂。在金属中加入比例不等的锑后，金属的硬度就会增大，可应用于军事领域，所以锑被称为战略金属。锑能与铅形成用途广泛的合金，这种合金的硬度与机械强度相比锑都有所提高（图5-4）。大部分使用铅的场合都加入数量不等的锑来制成合金。在铅酸电池中，这种添加剂能改变电极性质，并能减少放电时副产物氢气的生成。锑也用于减摩合金（例如巴比特合金）、子弹、铅弹、网线外套、铅字合金、焊料（一些无铅焊接剂含有5％的锑）、铅锡锑合金，以及硬化制作管风琴的含锡较少的合金。

图5-4　锑合金（据https://baike.baidu.com/修改）

5.3.3 电子产业的"精英"

锑化物半导体如锑化镓（GaSb）和锑化铟（InSb）是Ⅲ—Ⅴ族窄带隙半导体材料，具有高电子迁移率、强导电性和超低功耗等特点。这些材料在第四代半导体材料（图5-5）中占据核心地位，被广泛应用于相控阵雷达、卫星通信、超高速超低功耗集成电路、便携式移动装置、气体环境监测、化学物品探测、生物医

学诊断等领域。锑还可用于生产某些特定的电子元件(图 5-6),如热电制冷器件、红外探测器等,在这些应用场景中,锑的热电性能和红外光电特性得以充分利用。

图 5-5　锑半导体材料

图 5-6　霍尔元件

5.3.4　光伏玻璃的"清洁工"

在光伏玻璃的生产过程中,锑产品(主要是焦锑酸钠)被用作澄清剂,焦锑酸钠(图 5-7)在高温下分解能够放出氧气,可以有效去除玻璃液中的气泡和杂质,提高玻璃的透明度和发电效率。随着光伏产业的快速发展,尤其是双玻组件渗透率的提升,光伏玻璃的需求量将显著增加。

图 5-7　焦锑酸钠

(引自 http://www.hbycty.com/news/509.html,有修改)

5.4　未来可期

随着全球对环保和可持续发展的重视,锑在阻燃剂等领域的需求预计将持续增长。同时,锑在光伏产业、军事和航空航天等领域的应用也在不断拓展。然而,锑资源的稀缺性和开采难度的增加,以及环保政策的加强,可能会对锑矿的供应造成压力。中国作为全球最大的锑生产国,近年来产量有所下降,这可能导致市场供给紧张,从而推动锑价上涨。预计未来锑价将受到供需关系的影响,可能出现上涨趋势。

锑的发展前景受到多方面因素的影响，包括它在各个应用领域的需求稳定性、新兴市场的增长潜力、环保政策的制约以及资源的稀缺性等。总体来看，锑作为一种重要的战略金属，在可预见的未来仍将保持其重要地位，并有望随着技术进步和市场需求的增长迎来新的发展机遇。

6 "钒"是必争

6.1 庐山面目

钒（Vanadium）是一种重要的稀有金属元素（图6-1），单质通常呈现银白色或浅灰色，密度（6.11g/cm³）、硬度（7）、熔点（约为1910℃）和沸点（约为3400℃）均较高，具有良好的延展性和可锻性，可以加工成各种形状，能在合金中提供较大的强度和耐磨性。常温下钒不易被空气和水氧化，有着良好的化学稳定性，对盐酸、硫酸和大多数盐类具有良好的耐腐蚀性，但可溶于氢氟酸、硝酸和王水，能与多种元素形成化合物，如钒铁、钒酸盐等，在冶金工业中有广泛应用。

图6-1 金属钒

自然界中，钒资源储量较为丰富，很少形成独立的矿物，主要赋存于钒钛磁铁矿、磷酸盐岩、含铀砂岩和粉砂岩等矿物中，其中大部分赋存于钒钛磁铁矿中。全球钒的分布比较集中，主要分布在中国、澳大利亚、俄罗斯和南非。中国的钒矿资源主要分布在四川攀枝花地区，该地区也是全球钒矿产资源最富集的地区之一。

6.2 前世今生

1801年，西班牙矿物学家德·里欧（De Leo）首先声称在墨西哥城发现了钒,里欧从含有"褐铅"的原料中获得了相当数量的盐,由于这种新元素的盐溶液在加热时呈现鲜艳的红色,所以钒被取名为"爱丽特罗尼",即"红色"。但是当时有人认为这是被污染的元素铬,所以钒没有被人们公认。

后来到了1831年,瑞典化学家尼尔斯·格·塞弗斯托姆(Nils G. Sefström)得到了里欧的"褐铅",并确认了里欧有关钒的发现,他首次在铅矿石中识别出了这种新元素,由于钒的化合物五颜六色,十分漂亮,塞弗斯托姆为了纪念北欧日耳曼部落神话中的美丽女神凡娜迪斯(Vanadis)(图6-2),将钒命名为Vanadium。

图6-2　美丽女神凡娜迪斯

(据《鬼脸化学课·元素家族》,鲁超,2018修改)

1867年,英国化学家亨利·恩菲尔德·罗斯科(Henry Enfield Roscoe)通过用氢气还原氯化钒的方法,得到了金属钒。钒早期被作为一种化学化合物来应用,主要用于制作黑色剂和染料。到了1900年,德国化学家通过研究发现,钒盐可以作为很多化学反应的催化剂,这一发现也开启了钒及其化合物的重要应用。

6.3　应用天地

6.3.1　钢铁"维生素"

钒在钢中的应用始于19世纪末,英国谢菲尔德大学的阿诺德(Arnold)教授在研究中发现钒能够显著改善钢材的机械性能。美国汽车工程师与企业家亨利·福特在一次赛车事故中注意到含钒的钢具有优异性能，随后在福特汽车的关键部件中采用钒合金钢，以提高其耐用性。

钒在钢铁工业中的应用非常广泛，常用于生产高强度低合金钢（HSLA）、钛合金、高速工具钢等。钒的添加能显著改善钢材的机械性能，主要体现在沉淀强化和细晶强化两个方面。钒形成的碳化钒或氮化钒粒子可以作为有效的沉淀相，提高钢的屈服强度。同时，钒有助于细化钢的晶粒，从而提高钢的韧性和冲击性能。因其带来的显著效果，钒也被誉为钢中的"维生素"。20世纪70年代前后，钒合金钢开始逐步被使用，而高强度低合金钢（HSLA）领域在钒元素应用中意义最大，这类钢也被称为"微合金化钢"，广泛应用于需要高强度和良好韧性的结构部件，如桥梁、高层建筑、船舶、汽车框架和压载结构等（图6-3）。

图6-3　高强度低合金钢（左）及应用（右）

6.3.2　化工行业的重要"催化剂"

钒的氧化物是化学工业中优秀的催化剂，尤其在石油化工和化肥生产领域，钒类催化剂（图6-4）被应用于各种化学反应中，以提升反应效率和选择性。

图6-4　五氧化二钒高纯度催化剂
（引自 https://image.baidu.com/search/）

6.3.3 智能变色材料的"黑马"

二氧化钒（VO_2）变色智能窗（图 6-5）是一种能够根据外部温度变化自动调节光线透过率的节能窗户。这种智能窗主要利用 VO_2 在特定温度下发生的半导体-金属相变（MIT）特性，通过这种相变，VO_2 材料的光学性质会产生显著变化，从而实现对太阳辐射的调节。VO_2 智能窗能够吸收 90% 以上的紫外线，并在智能调控下调节太阳辐射透过率和远红外热辐射反射率，控制热流的方向，从而达到零能耗节能效果，在民用和国防领域均具有巨大的潜在应用价值，尤其是在绿色节能建筑领域，可以显著降低建筑供暖和制冷的能源需求。

图 6-5　二氧化钒变色智能窗

（引自 https://www.sic.cas.cn/xwzx/kydt/201712/t20171229_4924425.html）

6.3.4 新能源电池行业领跑者——全钒液流电池

澳大利亚新南威尔士大学开始了全钒液流电池（图 6-6）的研究，这是一种新型清洁能源存储装置，利用不同价态的钒离子作为活性物质，实现电能和化学能的相互转换。全钒液流电池因其高效、寿命长的特点，在储能领域具有巨大的发展潜力（图 6-7）。

图 6-6　全钒液流电池　　　　　图 6-7　钒太阳能电池板

（引自 https://image.baidu.com/search/）

6.3.5 医疗行业的"潜力股"

钒被认为是人正常生长所必需的矿物质,具有多种价态,在人体内主要以亚钒酸离子(VO_3^-)和正钒酸离子(VO_4^{3-})的形式存在,这些离子可以通过与磷酸和Mg^{2+}竞争结合配体,干扰细胞的生化反应过程,从而具有广泛的生物学效应(图 6-8)。适量的钒可能有助于促进骨骼及牙齿的生长,增强造血功能和身体免疫力等,并且可能对预防心脏病有积极作用。尽管钒在医疗上具有潜在的积极作用,但过量的钒或其化合物可能对人体健康造成危害,因此在使用时需谨慎。

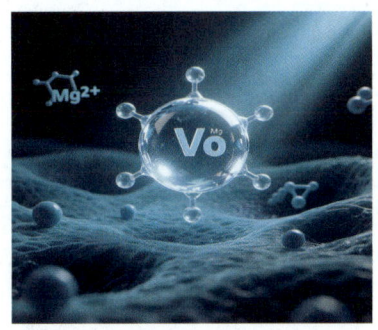

图 6-8　含钒离子的化学反应过程

6.4　未来可期

钒的需求主要受钢铁产销增长和钒使用强度提高的驱动。全球范围内钒的短期需求主要是钢铁,85%以上的钒消费于钢铁行业(图 6-9)。据世界钢铁协会分析,2019 年全球粗钢消费量为 18.89 亿 t,同比增长 3%,以中国、非洲、印度为代表的新兴经济体保持较快的发展速度,分别同比增长 8.5%、6%、1.6%。2020 年后,全球急需基础设施建设带动经济复苏,铁矿石需求仍将保持温和的上涨趋势。在储能行业,全钒液流电池已经成为世界范围内实现大规模储能的首选对象之一,对钒的需求产生重大影响。根据近年来全球钒消费趋势,结合钒矿产业对钒需求的特点,预测 2020—2035 年钒矿的年复合增长率为 2.5%,2025 年和 2035 年钒需求量分别为 20 万 t 和 27 万 t,2021—2035 年钒矿的需求总量为 319 万 t(年均约为 21 万 t)。

揭秘"关键矿产" JIEMI "GUANJIAN KUANGCHAN"

此外,随着技术进步和对钒资源的综合利用,钒的回收利用工艺也在不断改进,有望进一步推动钒产业的发展。总体来看,钒作为一种战略矿产资源,在全球经济发展中扮演着越来越重要的角色(图 6-10)。

图 6-9　钒在钢中的应用

(引自 https://max.book118.com/html/2017/0624/117622095.shtm)

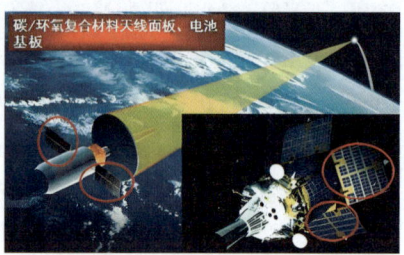

图 6-10　钒的发展前景

(引自 https://image.baidu.com/search/)

7 无可比"铌"

7.1 庐山面目

铌（Nb）是元素周期表中的一种过渡金属，位于第 5 周期第 VB 族，原子序数为 41，相对原子质量约为 92.91，密度为 8.57g/cm³，熔点为 2468℃，沸点为 4742℃。铌单质在常温下为带光泽的灰色金属（图 7-1），具有顺磁性，在低温状态下会呈现超导体性质，高纯度时具有良好的延展性和可锻性。铌的同位素较多，其中最稳定的同位素是 Nb-93，其半衰期为 14.4 亿年。重要的同位素包括 Nb-92、Nb-94、Nb-95 等。铌的同位素被广泛用于放射性同位素制剂、核反应堆等研究领域。铌的化学性质较为稳定，室温下在空气中非常稳定，在氧气中红热有氧状态时也不被完全氧化，高温下与硫、氮、碳直接化合，能与钛、锆、铪、钨形成合金，不与无机酸或碱作用，也不溶于王水，但可溶于氢氟酸，能抵御各种侵蚀，并能形成介电氧化层。

图 7-1 金属铌

铌元素与钽和钨等元素具有相似的物理和化学性质，在自然界中铌主要存在于钛铁矿、铌钽矿、锡石和白云母等矿物中，其中以铌钽矿中铌的含量最高。铌矿床主要有碳酸岩型、碱性岩型、碳酸岩风化壳型、花岗岩型、伟晶岩型。碳酸岩型铌矿常与稀土共生。碱性岩型铌矿常伴有稀土、锆、钽矿化。碳酸岩风化壳型铌矿是一种高品位的铌矿床，是铌矿的主要类型。碳酸岩型铌矿是我国铌矿的主要类型，其规模一般较大，品位相对较高，但矿石成分复杂，回收率低目前，铌主要开采自花岗岩型和伟晶岩型铌钽矿。

据美国地质调查局(USGS)2022年统计，全球铌储量达1777万t，其中巴西1600万t(占比90%)、加拿大160万t(占比9%)，两国储量合计占全球储量的99%。此外，美国、澳大利亚、加纳、坦桑尼亚、马拉维、肯尼亚、沙特等国家亦有分布。我国铌矿"多而贫"，资源量、储量较大，多为伴生矿产，品位低、利用难度大，经济性差，几乎全部依赖进口，且进口高度集中于巴西。

7.2 前世今生

1801年，英国化学家查尔斯·哈切特(Charles Hatchett)在分析来自北美的黑色矿物时发现了一种新元素，并将其命名为"钶"(Columbium)。

1802年，瑞典化学家安德斯·古斯塔夫·埃克伯格(Anders Gustaf Ekeberg)在分析纳维亚半岛的矿物时发现了钽(Tantalum)，而钽和铌因为化学性质相似，被认为是同一种元素。

1809年，英国化学家威廉·海德·沃拉斯顿(William Hyde Wollaston)对钶和钽的氧化物进行比较，尽管密度值相差巨大，但他仍认为两者是相同的物质。

1844年，德国化学家海因里希·罗泽(Heinrich Rose)驳斥了沃拉斯顿的结论，指出原先的钽铁矿样本中存在着另外两种元素，他以希腊神话人物坦塔罗斯的女儿尼奥比(Niobe，泪水女神)和儿子珀罗普斯(Pelops)的名字将这两种元素分别命名为"Niobium"和"Pelopium"。

1864年，瑞士化学家克利斯蒂安·威廉·布隆斯特兰(Christian Wilhelm Blomstrand)等证明了钽和铌是两种不同的化学元素，并确定了一些相关化合物的化学式，从而否定了"Pelopium"的存在。

1864年，瑞士化学家夏尔·加利萨·德马里尼亚(Jean Charles Galissard de Marignac)在氢气中对氯化铌进行还原反应，首次制得铌金属。虽然他在1866年已能够制备不含钽的铌金属，但直到20世纪初，铌才开始有商业上的应用——电灯泡灯丝。

1951年，国际理论与应用化学协会命名委员会正式决定统一采用铌(Niobium)作为该元素的正式名称。

7 无可比"铌"

7.3 应用天地

20世纪初,铌开始有商业上的应用,最初是作为电灯泡的灯丝材料,但很快就被熔点更高的钨所取代。20世纪20年代,人们发现铌可以增强钢材强度,这成为铌一直以来的主要用途。20世纪中叶,铌锡合金因在强电场、强磁场环境里仍能保持超导性,被用于大功率磁铁和电动机械。20世纪50年代,萃取分离钽铌技术的出现为铌工业发展奠定了基础。1961年,美国物理学家尤金·昆兹勒(Eugene Kunzler)和同事在贝尔实验室发现了铌锡合金的超导性,推动了铌在电能和电磁领域的应用。20世纪70年代末至80年代末,全球铌消费量显著增长,铌不仅被广泛应用于钢铁领域,还在航空航天、核能、电子和医疗等领域中发挥着重要作用,尤其是在高温、强腐蚀、高强度和超导等方面的应用表现出色。

7.3.1 钢材中的"微量元素"

铌作为微合金化元素,可以显著提高钢材的强度和韧性。在钢中只需加入0.03%~0.05%的铌,便可使钢的屈服强度提高30%以上。铌的应用使得高强度低合金钢的生产成为可能,这种钢材强度高、韧性好、焊接性能优良,被广泛应用于汽车、桥梁、天然气(石油)输送管道、石油钻井、海上石油钻井平台、铁路轨道等领域。

铌也被用于生产合金元素总含量超过7%的高强度高合金钢(图7-2),这类钢包括不锈钢(图7-3)、高速工具钢、耐热钢、超高强度钢、低温钢等,常用于燃气涡轮叶片、超高热管、航空发动机、车床工具等。

图7-2 高强度含铌低合金钢

图 7-3 含铌不锈钢电焊条

7.3.2 航空航天行业的理想材料

铌合金因其高温强度和耐热性,被用于制造火箭发动机的喷嘴、燃烧室等高温部件。铌合金的高强度和低密度特性使其成为制造航天器结构部件的理想材料,如卫星和宇宙飞船的框架等。此外,铌合金还被用于制造航天器姿态控制和轨道控制发动机的关键部件,包括推力室和喷管延伸段。铌及其合金因具有超导性质,被应用于航天器中的超导磁体等设备。利用其耐高温和耐腐蚀的特性,在核动力航天器中,可将铌合金用于反应堆的结构材料。

由于铌合金在高温下具有优异的抗氧化性能,它们被用于航天器的热防护系统,保护航天器免受高速飞行中产生的高温影响。铌的电导性和热导性使其在航天器的电子设备中有应用,如电路和传感器。铌的光学性质使其在航天器的光学系统中也有应用,如用于制造光学仪器的部件。在军事航天领域,铌合金也被用于制造导弹系统的高温部件和结构材料(图 7-4)。

图 7-4 高温铌合金材料(据 https://image.baidu.com/search/修改)

7.3.3 核工业安全的重要"武器"

铌在核工业中的应用主要得益于其独特的物理特性,如低中子俘获截面、良好的热导率、高熔点、优异的耐腐蚀性以及较高的强度。铌的高熔点和良好的机械性能使其成为核反应堆中理想的结构材料,可用于制造反应堆的压力容器和支撑结构等。铌的低中子俘获截面使其适合作为核燃料棒的包壳材料,有助于减少中子的捕获并提高核燃料的燃烧效率。铌可以作为核燃料的合金元素,提高燃料的热导率和机械强度,增强其在极端条件下的性能。铌的高热导率使其适用于核反应堆中的热交换器,有效传递反应堆产生的热量。铌还可用于核工业系统中的其他关键部件,如控制棒、反射层材料等,以优化反应堆的性能和安全性。

7.3.4 电子工业未来的"首选"金属

铌是具有超导性能的元素中临界温度最高的,其某些化合物和合金具有较高的超导转变温度,因此被广泛用于制造各种工业超导体,如超导发电机(图 7-5)、加速器大功率磁体、超导磁储能器、核磁共振成像设备等。

铌酸盐基陶瓷(如铌酸钠)作为高性能无铅介电材料,在多层陶瓷电容器(MLCC)领域取得突破性进展,其超高储能密度(12.65 J/cm^3)和效率(88.5%)可满足新能源技术对高温、高电压电容器的需求。

图 7-5 铌超导发电机

图 7-6 铌基异质结构纳米片

铌酸锂($LiNbO_3$)、钽铌酸钾($KTa_1\text{-}NbO_3$)等单晶因组分可调和过渡金属掺杂(如 Mn/Fe),具备超大电光系数($1.0 \times 10^{14} \text{ m}^2/\text{V}^2$)和压电常数($d_{33}$可达 9000pC/N),成为电控全息器件、红外激光调制及高精度传感器的核心材料,在电子技术、光通信技术、激光技术等领域得到了广泛应用。铌被用于制备声学滤波器、谐振器、延迟线、电光调制器、相位调制器等器件,并在第五代无线通信技术、微纳光子学、集成光子学及量子光学等近期快速发展的领域中展示了重要的应用前景。铌在锂离子电池领域中的应用,重点体现在其掺杂作用机理,以及在锂离子电池正负极材料和固态电解质中的应用,铌未来可能成为制造电池材料的首选。

7.3.5 医疗领域重要的"生物适应性"材料

铌及其合金由于其高强度和良好的生物相容性,被用于制造骨科植入物,如接骨板、颅骨板、骨螺钉等,用于骨折修复和骨重建。铌的某些化合物在医疗影像设备中也有应用,如用于X射线设备中的某些部件。铌可以用于修补头盖骨和其他骨骼的损伤,作为修复材料,其良好的生物适应性使其在外科医疗中占有重要地位。铌的耐腐蚀性使其在药物输送系统中发挥作用,可以作为药物载体,用于控制药物释放。随着3D打印技术的发展,铌因其高温力学性能和生物相容性,被应用于3D打印医用植入物(图7-7)和其他医疗器械的制造。铌及其合金在组织工程中也有潜在应用价值,可以作为支架材料促进细胞生长和组织修复。此外,铌在牙科领域也有应用,例如作为牙科种植体(图7-8)和牙冠材料,因其稳定性和与人体组织的相容性而受到青睐。

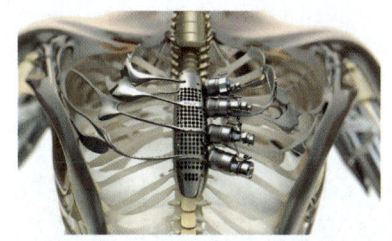

图7-7　铌质3D打印骨科植入物
(引自 https://www.sohu.com/picture/237363846)

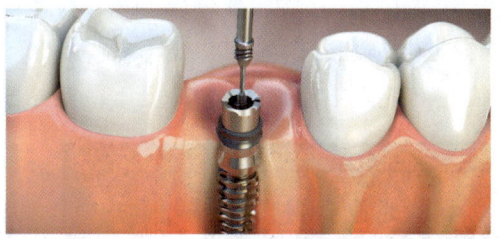

图7-8　铌质牙科种植体

7.4 未来可期

随着铌在各个领域的广泛应用,铌矿的市场前景越来越广阔。根据市场研究公司 Grand View Research 发布的报告,预计到2028年,全球铌矿市场规模将达到44.46亿美元,年复合增长率为9.1%。

亚洲地区是铌矿最大的消费地区,其中中国是全球最大的铌矿消费国。自

7　无可比"铌"

20世纪50年代起，中国就开始了铌的工业化开发。如今，中国的铌消费量已经占到全球总量的70%以上。铌的广泛应用使得中国对铌的需求日益增长，也使得中国成为全球最重要的铌矿开采国家之一。

除了传统的应用领域（如钢铁和电子行业），铌在新能源和新材料领域也有着广泛的应用。例如，铌被广泛应用于太阳能电池板中，以提高其效率和稳定性。此外，铌也可以用于生产高温超导材料、磁性材料、陶瓷材料和催化剂等。铌在这些领域中的应用将会进一步推动铌矿市场的发展。

铌矿作为一种重要的战略矿产资源，在未来的发展中仍然具有广阔的市场前景。随着技术的不断创新和应用领域的拓展，铌矿的市场前景也将不断拓展。同时，由于铌矿资源稀缺且分布不均，开发铌矿将会面临越来越大的挑战。

8 "钽"为观止

8.1 庐山面目

钽(Ta)是一种钢灰色的重金属元素,原子序数为73,原子量为180.947 9,位于元素周期表中第6周期第ⅤB族。钽的硬度较低,其硬度与含氧量相关,普通纯钽退火态的维氏硬度仅有140HV,同时钽具有很强的延展性和韧性,可以拉成细丝或制成薄箔。此外,它还具有极高的抗腐蚀性,无论在冷还是热的条件下,都不与盐酸、浓硝酸及王水反应,被称为金属界的"抗蚀冠军"。钽在地壳中含量极低,约为1×10^{-6},通常与铌共存,在自然界中的存在形式相对较少,大多以矿物形式存在,主要有氧化物、氟化物、硅酸盐和碳酸盐等。其中,钽氧化物是最主要的含钽矿物,主要包括独居石、钽铌矿石(图8-1)、钽铁矿石(图8-2)等,这些矿物一般呈黑色或棕黑色,硬度较高,相对密度较大,有一定的延展性和可塑性。

图 8-1 钽铌矿石

图 8-2 钽铁矿石

8 "钽"为观止

钽矿床主要有花岗岩型(常共生锡)、花岗伟晶岩型(常共生锂或铯)、碳酸岩型、碱性岩型、碳酸岩风化壳型等 5 种。花岗伟晶岩型是全球钽矿的主要类型。含锡石-黑钨矿热液矿床是国外钽的重要来源,世界上有 1/3 左右的钽是从冶炼厂锡石、黑钨矿炉渣及滤渣中提取的。据美国地质调查局数据统计,2021 年全球钽储量超过 14 万 t,主要分布在澳大利亚(67.1%)和巴西(28.57%)。刚果(金)、卢旺达、尼日利亚等均有钽矿资源分布。我国钽矿资源多,资源量、储量较大,但矿床规模小、品位低,经济性差,产量有限,供不应求,需求量增长平稳。2020 年我国钽基础储量 1.43 万 t,主要分布在江西(81.98%)、湖南(7.81%)。

8.2 前世今生

钽矿的历史可以追溯到 19 世纪初,瑞典化学家埃克伯格在分析斯堪的纳维亚半岛的一种矿物时发现了钽元素,并以希腊神话中宙斯的儿子坦塔罗斯(Tantalus)的名字命名了这个元素。

1820 年,英国地质学家查尔斯·詹姆斯·哈林顿(Charles James Harington)在印度发现了含钽的矿物。由于钽和铌的性质非常相似,早期人们曾认为它们是同一种元素。1864 年,更多科学家通过实验证明了铌和钽确实是两种不同的化学元素,并确定了一些相关的化学反应式。同年,瑞士化学家德马里尼亚在氢气环境中加热氯化钽,从而经还原反应首次制得钽金属。但是,早期炼成的钽金属含有较多的杂质,直到 1903 年,德国化学家维尔纳·冯·博尔顿(Werner von Bolton)首次制得纯钽金属。20 世纪初,钽的产量迅速增加,用途迅速扩大,钽成为工业生产的重要原料。在当今信息化和高科技产业的发展中,对钽的需求量越来越大,钽已成为不可或缺的稀有金属元素之一。

8.3 应用天地

钽是一种重要的稀有金属,具有良好的耐腐蚀性、高熔点、高硬度等特点,被广泛应用于电子、冶金、航空航天等领域,制造电子元器件、合金材料、高温材料等。由于用途广泛且资源稀缺，因此钽被誉为"21世纪最重要的五种战略金属"之一。

8.3.1 电子行业尖端领域不可替代的战略原料

钽电容器因其体积小、容量大、频率响应快、可靠性高的特点，在电子、通信和计算机等设备中有广泛应用，尤其是军工电子设备，作为目前钽金属下游应用占比最高的产品，市场占比达到34%，至今尚未发现比钽性价比更高的替代品，钽已经成为电子市场尖端领域不可替代的战略原料。

钽金属在半导体行业中也有应用，特别是在高比容高压钽粉、半导体用钽靶材等领域，受益于半导体行业的大量需求，将不断带动钽靶材市场飞速发展。钽因其良好的耐腐蚀性、高熔点和优异的电导率，也被用于制造电子导线、电阻器、印刷电路板和其他电子元件，具体的应用细节可能因技术和产品而异（图8-3～图8-5）。

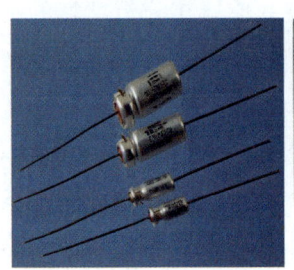
图8-3　钽电子元件

图8-4　液钽电容器

图8-5　钽片

8.3.2 航空航天工业的优质材料

钽合金因其高熔点和良好的高温强度，在航空航天领域中被用来制造发动机部件和其他高温下工作的零件。这些合金能够在极端温度下保持其性能，对飞行器和卫星的发射和操作过程至关重要（图8-6、图8-7）。钽电容器因其稳定性和高介电常数，在航天电子系统中被广泛使用，尤其是在需要高可靠性的场合。钽涂层由于其高温下的耐磨损和烧蚀性能，被应用于航天器的关键部件，以提高其在极端环境里的耐用性和防护性能。

8　"钽"为观止

图 8-6　钽合金涡轮叶片

图 8-7　纳米晶铜钽合金

8.3.3　化工装备业的"抗蚀冠军"

钽具有极高的抗腐蚀能力,不怕硝酸、盐酸、王水等强酸,因此可以用于制造化工行业中的防腐设备。钽及其化合物在化工领域中,也可作为催化剂或催化剂的添加剂使用,从而提高化学反应的效率(图 8-8)。此外,钽可以作为橡胶工业中的分散剂,提高橡胶的强度与弹性。在镍的电解过程中,添加钽化合物(如 $NaTeO_3$),可以生成一层过渡镍层,这层镍层具有极强的抗腐蚀性,使其适用于制造化工容器和管道(图 8-9)。

· 47 ·

图 8-8　钽反应釜　　　　　　　图 8-9　高真空钽加热炉

（引自 http://www.paiyashebei.com/index.php?c＝article&id＝94）

8.3.4　医疗行业"小能手"

钽合金因其良好的生物相容性和耐腐蚀性，适合用于制造骨科植入物（图 8-10、图 8-11）、心脏起搏器和耳蜗植入物等。钽合金的高密度使其在 X 射线下具有良好的可视性，对诊断和定位手术中植入物的精准性至关重要。通过合金化处理，钽可以与其他元素结合，提高机械强度与延展性，制造出更为坚固耐用的医疗器械。在临床应用中，多孔钽可以用于中小尺寸的修复产品，而大尺寸的修复产品则可能采用多组分梯度结构。此外，钽材在治疗股骨头坏死、关节置换与翻修、骨缺损修复等领域的临床应用也被广泛研究。

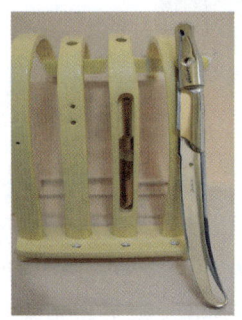 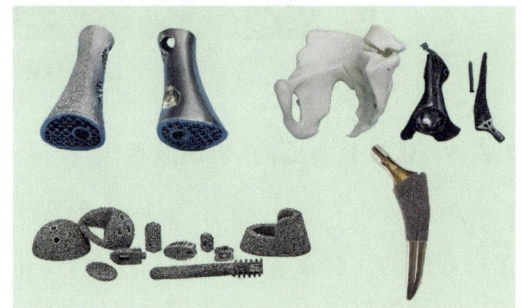

图 8-10　钽合金骨板　　　　　图 8-11　钽骨骼植入物

8.3.5　汽车制造业的重要"成员"

钽电容器因其高可靠性、小体积、大容量和低漏电流等特性，在汽车电子系

统中有广泛应用,如用于车辆的高级驾驶辅助系统(ADAS)、胎压监测系统(TPMS)、导航系统以及其他安全和传感系统中。车辆间通信(V2V)技术中也使用了钽电容器(图 8-12),以确保通信的稳定性和可靠性。钽因其稳定性和耐高温性能,也被用于制造汽车中的各种传感器,这些传感器对于监测和控制车辆的运行状态至关重要。此外,钽还可以用于制造某些类型汽车的照明设备,如氙气灯的电极(图 8-13)。

图 8-12 汽车中的超级钽电容器

图 8-13 钽氙气灯

8.4 未来可期

随着全球科技和工业的不断发展,钽在各个领域的应用越来越广泛。钽电容器和含钽的超级合金是现代通信、航空航天、国防军工等高新技术领域需要的重要电子器件。据英国罗斯基尔信息服务有限公司预测,全球钽的市场需求量稳步增长,年增长率估计为 3.4%。预计随着国际竞争加剧,世界主要经济体均在加强国防建设,进而推动钽需求增长。目前,全球钽消费量为 1850t。初步预测,2025 年全球钽需求量为 2260t,2035 年为 3158t,2021—2035 年需求总量为 37 885t。

根据中华人民共和国工业和信息化部披露的数据,截至 2019 年,中国 4G 基站数量达 544 万个,正在开工建设的 5G 网络要达到同样的覆盖率要求,或需 1000～2000 万个 5G 基站,钽电容器是 5G 基站不可或缺的电子元器件。据市场预测,钽电容的原材料——氧化钽及氧化铌的年复合增长率达 7.6%。2025 年中国钽需求量为 325t,2021—2025 年需求总量为 1415t(年均 283t),2035 年为677t,2021—2035年需求总量为6400t(年均426t)。此外,钽超级合金、钽溅射靶材等是正在崛起的新材料,尚处于生命周期的"青春期"。

总之,钽矿在电子、化工、航空航天等领域的应用前景广阔,市场需求将持续增长。

9 绝"钨"仅有

9.1 庐山面目

钨（W）既是有色金属，同时也是世界各国重要的战略金属，古代被称为"重石"。钨的元素符号是 W，原子序数为 74，原子量为 183.84，属于元素周期表第 6 周期第 VIB 族。单质钨呈银白色，熔点极高，硬度很大，外形似钢，化学性质稳定，常温下不与空气和水反应，不溶于盐酸、硫酸、硝酸和碱溶液，高温下能与氯、溴、碘、碳、氮、硫等化合，但不与氢化合，制作合金时可提高钢的高温硬度。

钨是一种分布较广泛的元素，几乎遍布于各类岩石中，但含量较低，在地壳中的含量为 0.001%，自然储量约为 620 万 t，以黑钨矿（钨锰铁矿，图 9-1）和白钨矿（钨酸钙矿，图 9-2）的形式存在。目前，具备经济开采价值的钨矿石主要为黑钨矿和白钨矿，分布在中国、加拿大、俄罗斯、朝鲜、美国、蒙古国等国家。

图 9-1 黑钨矿

图 9-2 白钨矿

揭秘"关键矿产" JIEMI "GUANJIAN KUANGCHAN"

9.2 前世今生

1781年,瑞典化学家卡尔·威廉·舍勒(Carl Wilhelm Scheele)在白钨矿中发现了钨酸,并预测其中含有一种新金属元素,将其命名为钨。1783年,西班牙化学家胡安·何塞·埃卢亚尔(Juan José Elhuyar)和法乌斯托·埃卢亚尔(Fausto Elhuyar)兄弟从黑钨矿中提取出了钨酸,并用碳还原三氧化钨,第一次得到了钨的单质——金属钨,将其命名为钨。1803年,英国化学家道尔顿提出原子论,为钨元素赋予了新的含义,即钨元素是具有一定质量的钨原子的集合。1930年以后,钨同位素的发现使人们对钨元素有了新的认识,并逐渐形成了现代钨元素的概念。

20世纪初,钨的工业应用开始发展,钨因其高熔点和高硬度而被广泛应用于工业领域,如白炽灯的灯丝。1927—1928年,以碳化钨为主要成分的硬质合金研制成功,这是钨工业发展史中的一个重要阶段。20世纪初,中国对赣、湘、粤、桂、滇等省(区)的钨矿床进行了系统的地质调查,在江西省大余县西华山发现了星罗棋布的400多处钨矿点,并于1915年开始开采。江西省大余县也成为世界著名的"钨都"。

9.3 应用天地

全球开采出的钨矿,约50%用于优质钢的冶炼,约35%用于生产硬质钢,约10%用于制造照明材料,约5%用于其他用途。钨的用途十分广泛,可以制造枪械、火箭推进器的喷嘴、穿甲弹、切削金属的刀片、钻头、超硬模具、拉丝模等,涉及矿山、冶金、机械、建筑、交通、电子、化工、轻工、纺织、军工、航天等工业领域。

9.3.1 重要的传统照明材料

钨因其高熔点、高硬度和良好的导电性能,被应用于传统照明材料的制造,如最常见的用于制作白炽灯(图9-3)的灯丝。虽然现代照明越来越多地采用荧光灯,但其中某些类型的荧光灯仍然会使用到钨材料(图9-4),在LED灯的生产中,钨可用于散热组件或反射器,以帮助散发LED芯片产生的热量。钨的这些特性使其成为照明行业中不可或缺的材料,尤其是在需要高亮度和稳定性的照明应用中。随着照明技术的发展,钨的应用也在不断地被优化和扩展。

图9-3　白炽灯

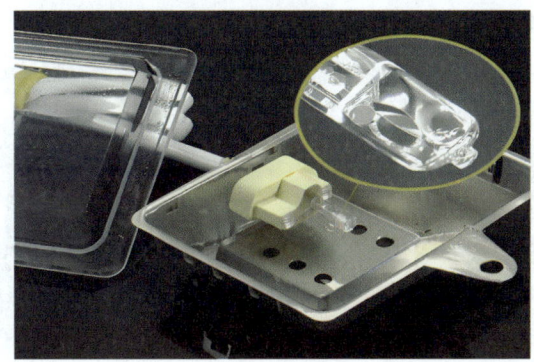

图9-4　卤钨灯

9.3.2　不可替代的关键合金元素

军工行业:钨合金因其高硬度和高密度,是军工领域不可替代的关键材料,被用于制造军事装备的各种部件,如炮弹、手榴弹、穿甲弹弹芯和子弹头(图9-5)等;钨的耐热性使其在核聚变反应堆材料中具有潜在的应用价值,钨被用于制造高速飞行器、火箭发动机喷嘴(图9-6)、隔热罩和涡轮叶片涂层等。钨的这些应用体现了其在现代军事工业中的重要战略价值,由于钨的稀缺性和不可替代性,它被视为一种战略性资源,并受到国家的严格管控。

图 9-5 钨芯弹图

图 9-6 火箭发动机喷嘴

（引自 https://h5detail.yiyouliao.com/rivers/newsfeed/1536235174142947329/ID2NSYXO018NHVL.html）

钢铁工业：钨的硬度非常高，加入钢材中可以显著提高其强度和耐磨性，对于制造需要承受高负荷和磨损的工具和零件非常重要。尤其是钨与碳形成的碳化钨（WC）合金，具有极高的硬度和耐磨性，它的特点是在 600～650℃ 的空气中，仍然保持很好的硬度和耐磨性，被广泛应用于切削工具、钻头、磨具、模具和耐磨零件，在轮船和飞机制造中应用较多（图 9-7、图 9-8）。

图 9-7 钨高速钢

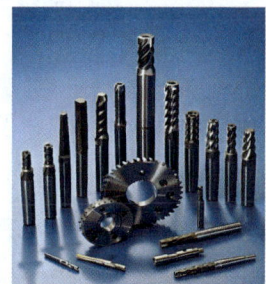
图 9-8 钨钢涂层铣刀

（引自 http://www.360doc.com/content/16/0214/18/137012_534579656.shtml）

9.3.3 "明星"催化剂

含钨的催化剂因具有高活性和高选择性而被誉为绿色化学领域的"明星"催化剂。中国科学技术大学研究团队发现，在碱性氢气氧化反应中，镍–钨合金催化剂可以通过调节钨的比例来优化催化性能。这种合金能够打破电解液中钾离子的溶剂鞘，释放自由水，从而提升氢键网络的连通性，增强催化性能。碳化钨（WC）纳米粉体在催化应用中显示出了良好的性能，特别是在液相法和气相法制备的 WC 纳米粉体中,喷雾干燥技术因其成本低而受到关注;钨酸(图 9-9)作为媒染剂和染料,可用于生产纺织工业中的漆和颜料,加入硫酸铵和磷酸铵可制造耐火、防水布匹,在石油化工科学研究中可作为催化裂化剂提取高辛烷值汽油;二硫化钨在制取合成汽油中可充当固体润滑剂。钨矿石经过特殊处理可提取到三氧化钨(图 9-10),再进行化学反应可得到钨粉,这些钨粉是重要的钨(金)材原料。

图 9-9　钨酸(引自 https://image.baidu.com/)　　图 9-10　三氧化钨(引自 https://image.baidu.com/)

9.3.4　新能源行业的"潜力股"

在太阳能电池板部件中,高性能钨材料因其优良的强度和硬度被广泛应用;在电动汽车中,钨的合金和化合物因具有优异的物理、化学和机械加工性能,被应用于电池芯等关键部件;钨及其化合物在燃料电池的某些部件中也有潜在应用,例如作为催化剂或电极材料;在风电行业中,钨合金可能用于制造更轻、更强的风力涡轮机部件(图 9-11);钨还可用于某些类型的储能系统,如超级电容器的电极材料。随着新能源技术的不断发展,钨的应用领域和形式也在不断扩展和创新,特别是在光伏行业,钨丝作为切割工具的需求预计将持续增长。

图 9-11　钨基风力涡轮机
(据 https://xsj.699pic.com/tupian/09wnvp.html 修改)

9.4 未来可期

  当前,钨的最尖端应用领域为核工业研究中熔化反应堆的辐射屏蔽和军事装备中绿色子弹的开发。从2002年开始,随着钨资源储量的不断增加、科技生产力的迅速提高,对钨的需求也在持续增长,在军事、航天、电子等行业中尤为突出。特别是在军事工业中,钨必将以其巨大的优势取代铅、铜等传统金属,得到极为广泛的应用。

  钨金属具备稀缺性和不可替代性,随着经济复苏和制造业的发展,国家对钨矿开采会严格管控,而随着国家大力推进高新技术产业和装备制造业升级,国内钨市场需求有望再攀新高,这将对钨矿市场产生积极的影响。

  未来,中国仍将是世界上最大的钨资源供应国和钨产品生产国,这将对世界钨资源的分布和供需关系产生巨大的影响。据美国地质调查局数据,2020年全球钨消费量约10.5万t。其中,中国、欧盟各国、美国、日本和俄罗斯消费9.45t,占总消费量的90%。结合钨矿消耗量初步判断,2025年全球钨需求量将达到11.88万t,2035年将达到15.21万t。

10 "钛"山盘石

10.1 庐山面目

钛(Titanium),化学符号 Ti,位于元素周期表第 4 周期第 IVB 族,原子序数 22,原子量 47.867,属于过渡金属元素。钛单质具有金属光泽,主要特点是密度小、延展性较好、机械强度大、容易加工,其塑性与纯度呈线性关系,纯度越高,塑性越大。此外,钛具有较强的抗腐蚀性能,在常温环境里大气和海水不会对其产生影响,7%以下盐酸、5%以下硫酸、硝酸、王水或稀碱溶液都不能腐蚀它,只有氢氟酸、浓盐酸、浓硫酸等才可对它起作用。

钛元素在地壳中的含量约为 0.64%,在金属元素中仅次于铝、铁和镁,居第四位。钛在自然界分布广泛,主要以金红石(图 10-1)、钙钛矿、钛铁矿(图 10-2)等矿物形式存在。目前,发现的含钛矿物大约 140 种,工业上应用最多的主要有金红石(TiO_2)和钛铁矿($FeTiO_3$)。全球最重要的钛铁矿床共有 80 多个,金红石矿床有 50 多个,分布在六大洲(南极洲除外)40 多个国家。

金红石的主要生产国有中国、澳大利亚、越南、南非、莫桑比克、肯尼亚、加拿大等,年产量约 50 万 t(按 TiO_2 计)(图 10-3)。

我国是钛资源丰富的国家,其分布遍及全国 20 个省(区),主要产地为四川、河北、海南、湖北、广东、广西、山西、陕西、河南等。我国钛矿成因类型主要有岩浆型钒钛磁铁矿(88.3%)、风化(壳)型钛铁矿(6.5%)、变质型金红石矿(2.9%)和沉积型钛铁矿(金红石)(2.3%)。

揭秘"关键矿产" JIEMI "GUANJIAN KUANGCHAN"

图 10-1　金红石

图 10-2　钛铁矿

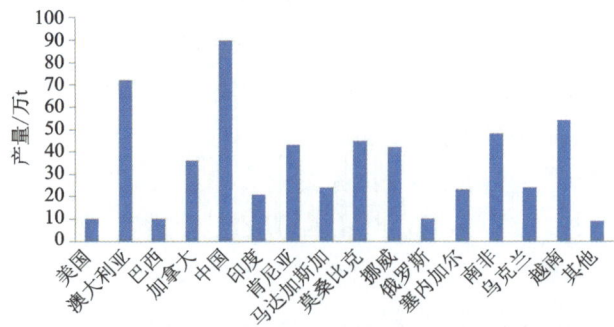

图 10-3　全球主要国家金红石产量（引自《中国大百科全书》）

10 "钛"山盘石

10.2 前世今生

从发现钛元素到制得纯品,历时 100 多年。而钛真正被认识并得到利用,则是 20 世纪 40 年代以后的事情了。钛是由英格兰格雷戈尔牧师在 1791 年发现的,格雷戈尔对矿物很感兴趣,他在钛铁矿中发现了一种新元素,这种元素就是现在所说的"钛"。若干年后,德国化学家克拉普罗特通过还原金红石矿重新发现了这种元素。直到 1910 年,美国伦斯勒理工学院的亨特才获得了纯净的金属钛,他使用的方法是在钢制反应釜中把金属钠和四氯化钛加热到 700～800℃,用钠还原 $TiCl_4$ 制得纯度达 99.9％的金属钛。

1947 年,人类首次实现了钛的工业化冶炼,年产量约 2t。1955 年,钛产量大幅增加到 2 万 t。此后,钛在航空航天等领域的应用日益广泛,产量稳步上升,1972 年,钛产量达到了 20 万 t。钛的硬度与钢铁差不多,而它的质量几乎只有同体积的钢铁的一半;钛虽然稍比铝重一点,但它的硬度却比铝大 2 倍。现在,在宇宙火箭和导弹中就大量用钛来代替钢铁。据统计,目前世界上每年用于宇宙航行的钛已达 1000t 以上。极细的钛粉是火箭的好燃料,所以钛被誉为宇宙金属、空间金属。现在,人们开始用钛来制造潜艇——钛潜艇。由于钛非常结实,能承受很高的压力,这种潜艇可以在深达 4500m 的深海中航行。

10.3 应用天地

钛开始应用时的领域比较单一,主要是在航空航天等高科技领域。随着科学技术水平的不断提升,其应用领域已更加多元化,如石油化工、电力开发、工程建筑、海水淡化、轻工业制造等,钛也被称为"现代战略金属"。目前,世界上 83％的钛矿用于生产钛白粉,8％的钛矿用来提炼金属钛,7％的钛矿用于制造电焊条,其余用于制造钛合金、碳化物、玻璃陶瓷等产品。全球钛精矿年需求量约为 600 万 t,天然金红石约为 70 万 t(以 TiO_2 计),基本达到了供需平衡。

10.3.1 轻工业的优秀"化妆师"

钛的化合物二氧化钛(TiO_2)可以用来制作钛白粉,钛白粉作为一种优质颜料(图 10-4),能够提供高白度和遮盖力,同时增强涂料的耐候性和耐热性,是轻工业涂料中使用最广泛的白色颜料。

在塑料制品中添加钛白粉可以提高产品的耐热性、耐光性和耐候性，改善塑料的物理化学性能，增强机械强度，延长使用寿命。作为纸张的填料，钛白粉能够提高纸张的白度和光泽，使纸张更加光滑且不易透印，从而提升纸张的整体质量。

用于生产耐久不变色的高级油墨时，钛白粉具有优良的润湿性和分散性；作为消光剂使用，钛白粉可以提高化纤产品的白度和色泽稳定性；由于其无毒性和稳定性，钛白粉还被广泛用于化妆品中（图10-5），如粉底、口红、眼影等，以提供遮盖力和改善产品质感；作为着色剂，钛白粉也具有补强、防老化和填充作用，特别是在汽车轮胎生产中，可提高产品的耐日晒和耐酸碱性能。此外，钛白粉因具有高纯度、耐高温性和良好的颜色表现，还可作为添加剂用来改善玻璃、陶瓷、搪瓷制品的性能。

图10-4　钛颜料

图10-5　钛化妆品

10.3.2　建筑行业的"新宠"

钛因其轻质和高强度特性，被用作屋顶和幕墙材料，可以减轻建筑物的重量，提高建筑物的整体抗震能力。钛可以通过阳极氧化进行表面着色，形成丰富的色彩，并且可以通过腐蚀处理获得浮雕图案和文字，因此作为建筑外墙装饰材料和城市雕塑、艺术品，不仅具有耐久性和美观性，还极具创意性。一些特殊建筑，如博物馆、机场等，采用钛金属板制造独特的建筑造型，创造出具有视觉冲击力的建筑艺术作品（图10-6）。钛金属在建筑领域的应用还包括一些创新的应用，如以钛板、钛卷带为原料，采用整形抛光、压花技术，使板材表面光亮、色泽一致并具有金属花纹（图10-7）。

10　"钛"山盘石

图 10-6　钛建筑

图 10-7　钛艺术品

钛的耐腐蚀性能好,不会产生腐蚀产物或有害物质,可以100%回收,不会污染环境,是一种绿色环保材料。钛在海水和潮湿环境中的耐腐蚀性能远超过不锈钢和铝合金,因此非常适合用于滨海建筑、桥梁、隧道、港口等工程的表面材料,能抵御城市污染、工业辐射和极端天气的侵蚀。

尽管钛金属生产技术已经成熟,但目前市场应用还面临一些挑战,如产品单一、品位低、价格高以及设计者对新材料的认知不足等。随着全球海洋工程业务的不断拓展和钛原材料价格的下降,钛在建筑领域的应用有望进一步拓展。

10.3.3　军工领域的"龙头"

钛合金因其轻质和高强度特性,在航空航天领域有重要应用。它们被用于制造飞机结构件、发动机部件、紧固件、起落架等,特别是在高性能军用飞机中,钛合金的使用量可以占到飞机总质量的很大一部分。同时,钛合金还用于导弹和火炮系统的制造,包括导弹壳体和火炮系统的一些内部结构部件,以减轻重量并提高结构强度。钛合金在船舶和潜艇的制造中也有应用,尤其是在需要深潜的潜艇中,钛合金因其良好的耐压性能而成为关键材料;在坦克和其他装甲车辆中,钛合金可以用于增强装甲板,提高防护能力而不增加重量。钛白粉(二氧化钛)在军工领域也有应用,如作为伪装涂料和某些特殊涂层。

随着中国军费支出的稳定增长,武器装备投入占比持续提升,尤其是在航空领域。钛合金在战机(图10-8)中的占比提升,新一代军机如歼-20的钛合金用量显著增加,从二代机的不到2％提升至20％左右。随着军用飞机的更新换代,其携带导弹(图10-9)的需求也会相应提高,预计中国军用战机更新换代将释放大量的机体钛材需求。随着技术的进步和需求的增长,钛合金因其优异的性能,已经成为军工领域的"龙头",引领并支撑军工领域产业不断发展壮大。

图10-8 钛材战斗机

图10-9 钛材导弹

10 "钛"山盘石

10.3.4 开启3C电子产品"钛"新纪元

随着智能手机、折叠屏手机和智能手表等设备的迅猛发展，钛合金因其独特的轻量化、耐腐蚀性、导电导热性和高强度特性，在3C（计算机类、通信类、消费类）电子产品中的应用趋势日益明显。

钛及其合金具有良好的导电性、导热性和耐腐蚀性，在计算机集成电路和半导体制造过程中，可以作为互连材料；在高性能电子设备（图10-10）及其连接线和接触件中，可以作为散热和耐腐蚀材料。钛合金的无磁性使其适用于某些特定类型的传感器和探测器，尤其是在需要抗电磁干扰的场合。在消费类电子产品领域，钛及其合金能够提供比不锈钢和铝合金更好的坚固性和轻薄性，从而降低手机的厚度和重量，提升产品的耐用性和设计灵活性。主流手机制造商如小米、荣耀、苹果等已经开始在他们的某些高端智能手机（图10-11）、平板电脑、笔记本电脑的机身、机框中使用钛合金材料，如小米14 Pro推出了钛金属特别版，荣耀Magic Vs2采用了鲁班钛金铰链，iPhone 15 Pro/Pro Max使用了5级钛（Ti-6Al-4V）等。另外，钛合金3D打印技术的发展为消费电子领域的应用提供了新的可能，可以更自由地设计复杂的零件结构，有效解决钛合金材料成型问题。

图10-10　超级计算机

（据 https://item.btime.com/01ega2h5dbpas4d4duao8hk1ook 修改）

图10-11　5级钛合金手机

10.3.5 卫生医疗"小能手"

钛合金由于其高强度和低密度的特性，常用于制造人工关节（如髋关节和膝关节）、骨钉、骨板和其他骨折固定装置；因其轻质和强度，还可以用于制造矫形支具和假肢（图10-12），有助于提高患者的舒适度和活动能力；因其耐腐蚀性和生物相容性，被用于制造手术器械，如手术刀、镊子、剪刀等；钛合金表面可以通过改性处理来增强其生物相容性和促进组织生长，用于制造血管支架（图10-13），可以保持血管的通畅,促进血液流动,具有形状记忆效应的钛合金,如 NiTi 合金可用于制造自扩张支架和其他医疗设备;用于牙科种植体,能够与颌骨良好结合,提供稳固的基础以支持义齿或牙冠;在心血管领域,研究人员正在开发新型钛合金,以提高其在特定医疗应用中的性能,如可降解医用钛合金。钛合金还可以用于制造药物输送系统,用于控制药物释放。

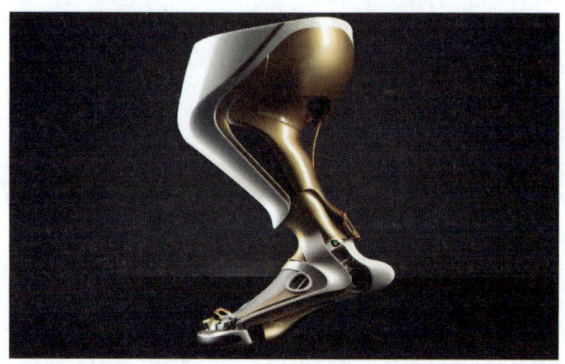

图 10-12　钛假肢

(引自 https://www.sohu.com/a/238250512_100129403)

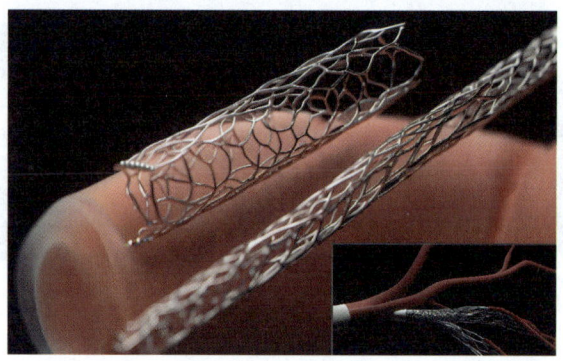

图 10-13　钛支架

(引自 https://finance.sina.com.cn/wm/2022-05-06/doc-imcwipii8261157.shtml)

10.4　未来可期

钛行业在国家发展建设中有着举足轻重的地位,不仅可以引领尖端科技产业的升级换代,而且可以促进科学技术水平不断提高。同时,它对于国防军事、

10　"钛"山盘石

经济产业的发展也具有重大的战略意义。

从世界视角来看,钛精矿消费地主要集中在全球三大地区(亚洲、欧洲和北美),消费量合计占全球的90%。当前,全球经济快速复苏,国际货币基金组织(IMF)预测全球经济未来几年将至少恢复5%,在发达国家基建投资和制造业回暖的刺激下,钛产品需求量稳步上升。以洛克希德·马丁公司研制的F-35战斗机为例,单架战斗机钛合金用量占比约为27%,按照当前国内军用飞机(1500架)的规模来储备,则需储备3900~5310t钛。

随着我国经济产业的迅猛发展,我国的钛产业结构将持续优化,不断由低端向中高端方向发展,这将带动新兴领域钛需求的强势增长。2021年,我国钛材行业整体呈现稳步发展态势,中低端产品主要来自传统的机床、汽车和化工行业,其数量同比均大幅增长;高端产品主要来自航空航天、船舶和海洋工程等涉及的军工领域,如大规模军用飞机、舰船产品的升级换代和应用创新,增加了对钛材料的需求,极大地促进了钛材行业市场的发展。根据中国有色金属加工工业协会(CNFA)统计,截至2021年,国内29家主要钛加工材生产企业的钛材产量连续7年保持正增长,共计产量为13.6万t,同比增长40.1%,增幅原因主要是国家关于钛材行业的政策支持有力,再有钛材行业龙头企业(如宝鸡钛业股份有限公司、新疆湘润新材料科技有限公司、湖南湘投金天钛金属股份有限公司)产量不断扩大(图10-14)。

未来,随着高新技术产业成为重振经济和增加就业的重要手段,对钛的需求将快速增长,中国的钛资源安全将面临较大挑战。

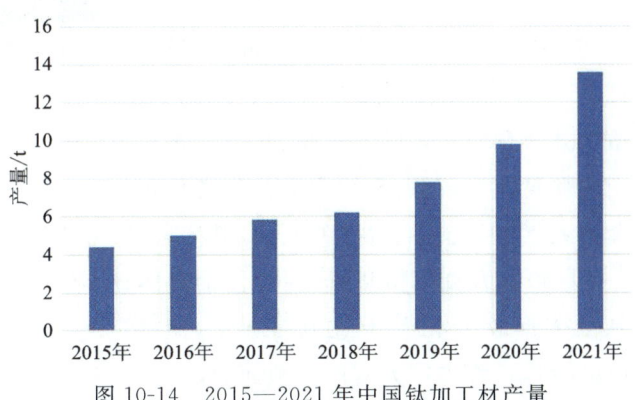

图10-14　2015—2021年中国钛加工材产量

(引自 https://www.huaon.com/channel/trend/895987.html)

11 寸土"铋"争

11.1 庐山面目

铋是一种重金属元素（图 11-1），元素符号为 Bi，单质铋物理化学性质独特，通常呈银白色（粉红色）至淡黄色，质地柔软，具有密度大、熔点沸点低、冷胀热缩、超导性、抗磁性等特点。铋的熔点仅为 271.4 ℃，是所有金属中熔点较低的元素之一，且在凝固时体积会膨胀约 3.3%，这一特性与大多数金属相反。铋的导电和导热性能相对较差，但在低温下表现出超导性。铋的化学性质在常温下较稳定，不与氧气、碱、非氧化性酸反应，不溶于水、盐酸、硫酸，可溶于王水和浓硝酸。此外，铋及其合金还具有良好的光电响应，能在紫外光、可见光或近红外光区被激发并表现出一定的光吸收、光致发光和光电响应。

图 11-1　金属铋

铋在地壳中的含量相对较低，大约为千万分之 0.9，这也使得它被认为是一种相对稀少的金属元素，但它在自然界中分布相对广泛，主要以游离金属和矿物的形式存在，主要矿物为硫化物和氧化物，包括自然铋、铋硫矿、铋矾等。铋常常与其他金属元素形成伴生矿物，尤其是在铅、铜、锡等金属矿床中。因此，铋常在这些金属的冶炼过程中作为副产品被回收。

世界主要产铋国分别为中国、墨西哥、秘鲁、日本、澳大利亚、哈萨克斯坦、加拿大和玻利维亚。中国铋资源分布在 13 个省（市、自治区），其中储量最大的

是湖南、广东和江西,这3个省的储量占全国总储量的85%;其次是云南、内蒙古自治区、福建、广西和甘肃等省(区)。

11.2 前世今生

铋的发现历史悠久,早在3000年前的古希腊和罗马,人们就已经使用铋,主要用它制作盒子(图11-2)和箱子的底座。1450年,德国修士巴兹尔·瓦伦丁(Basil Valentine)对铋进行了详细描述,而直到1556年,德国学者格奥尔格乌斯·阿格里科拉(Georgius Agricola)根据锑和铋的金属

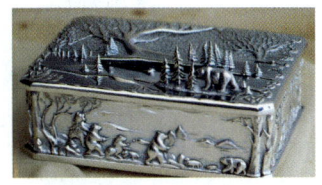

图11-2 金属铋盒子

特征,提出了它们是两种独立金属的观点。1753年,英国科学家查尔斯·若弗鲁瓦(Charles Geoffroy)和瑞典化学家托贝恩·伯格曼(Torbern Bergman)通过研究,确认了铋是一种化学元素。1757年,法国人日夫鲁瓦经分析研究,确定了铋为新元素,并将其命名为Bismuth(Bi)。

11.3 应用天地

铋的用途广泛,它在医药健康、工业合金、核能利用、超导材料、电池及新型功能材料等方面逐渐得到人们的关注,被美国、欧盟各国、日本等定为战略性矿产,也是我国的关键矿产之一。

11.3.1 健康"铋"备

铋在人体组织中的浓度很低,因此它并不是人体必需的微量元素。铋及其化合物曾被用作药物成分(图11-3),尤其是在一些胃药和某些抗生素中,因其具有抗菌特性,能够杀灭幽门螺杆菌,可以形成保护层,帮助治疗胃部疾病,如胃溃疡和胃炎。尽管铋有医疗用途,但长期或过量服用含铋的药物可能导致重金属中毒,造成肝肾损伤,严重时可发生急性肝功能和肾功能衰竭。铋本身没有放射性,但在2003年发现铋具有微弱的放射性,可经α衰变变为铊-205,其半衰期非常长,达到宇宙年龄的10亿倍。总的来说,铋在医学上主要用于局部治疗,尤其是作为一些药物的组成部分,但其并不是人体必需的元素,需要注意

其潜在的毒性风险。此外，铋还在柔性可穿戴设备（图 11-4）和铋基癌症诊疗一体化平台等高新技术领域有着重要应用。

图 11-3　含铋药物

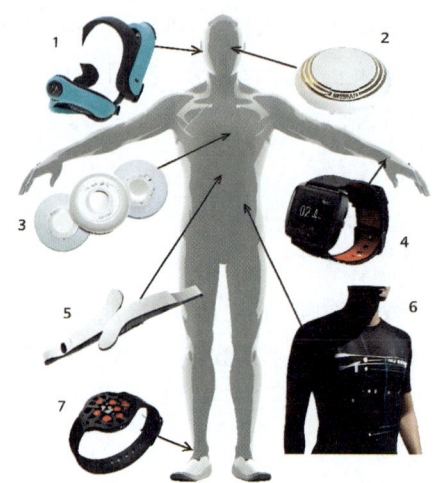

图 11-4　铋基柔性可穿戴设备
（引自 https://zhuanlan.zhihu.com/p/371589654?utm_id=0）

11.3.2　工业"多面手"

铋因其低熔点特性常被用于与锑、镉、铟、镓、锡、钛等金属配制成易熔合金系列（图 11-5），这些合金通常在 200 ℃ 以下就能熔化，被广泛应用于电气安全设备（如熔断器）、消防系统（如自动喷水灭火系统中的热释放元件）、医疗器械（如体温计）、需要低温焊接的场合以及在铸造工艺中作为金属模型的制作材料。

· 68 ·

11 寸土"铋"争

铋基液态金属(LM)是一大类熔点略高于室温的合金,它们展现出像水一样的可变形、可重构的流体特性,同时又表现出金属的高强度和高导热性,可用于化学工程、生物医学和变形机器人等工业领域。例如,正在实验室研发阶段的液态铟锡铋镓四元合金(图11-6)。铋和锰的合金是一种高矫顽力的永磁体,这种合金在小型电动机中有应用。铋因其较高的密度,可以作为高密度金属的一部分,用于制造特种电子管和彩色显像管的灯丝、高温部件、热电偶等。

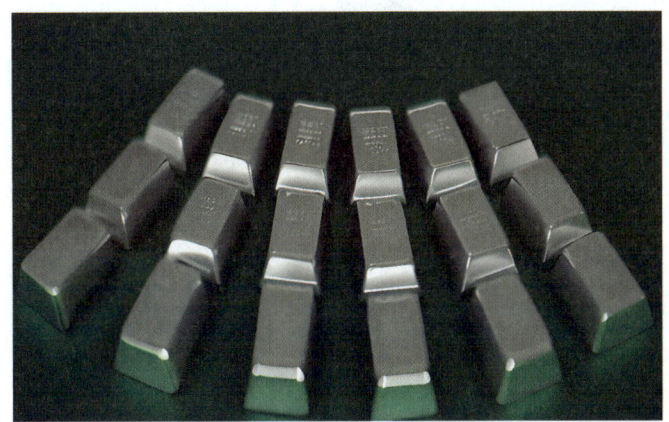

图 11-5　铋易熔合金

图 11-6　液态铟锡铋镓四元合金

铋作为冶金添加剂可以改善其他金属的加工性能,如在钢、铁、铝、青铜等金属的生产中作为添加剂,提高材料的可加工性和机械性能;在合成纤维和橡胶的制造过程中用作催化剂(图 11-7),也可用于其他化学反应中以提高反应速率。铋的冷胀热缩特性使其在印刷行业中有特殊用途,可以用于增强铸造模型和模具的边缘清晰度(图 11-8)。

图 11-7　铜铋催化剂

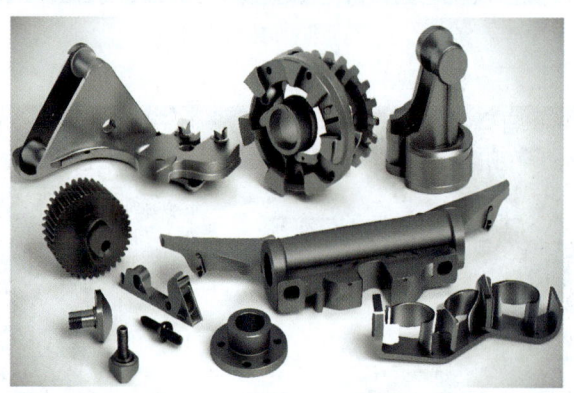

图 11-8　铋基 3D 打印材料

11.3.3　核能领域的"血液"

铅铋合金具有高热导率、低熔点、高沸点等热工特性,以及良好的化学稳定性,几乎不与水和空气发生反应,从而提高了反应堆的安全性和可靠性。冷却剂相当于核反应堆中的"血液",铅铋快堆(Lead-Bismuth Fast Reactor,LBFR)是利用液态铅或铅铋合金作为冷却剂的快中子反应堆,属于第四代核反应堆。

11　寸土"铋"争

铅铋快堆不仅可用于发电，还可用于核废料处理、同位素生产、钍资源利用、海水淡化、核潜艇工业（图 11-9）等领域。俄罗斯、美国、欧盟各国、韩国、日本等都在进行铅铋快堆的研究与开发，形成了一系列的研究项目和示范工程；中国科学院核能安全技术研究所等机构在铅铋快堆（图 11-10）的燃料组件结构、热工水力特性等方面取得了很好的研究进展，并建立了相关的实验平台，例如"中国多功能铅铋技术综合实验回路——KYLIN-Ⅱ材料腐蚀与工艺回路"成功完成了长时间无故障安全稳定运行，实验能力和运行参数都达到了国际领先水平，实现了核心技术的自主化，这也说明了铅铋快堆技术在核能领域的巨大发展潜力。

图 11-9　核潜艇应用　　图 11-10　中国快堆实验装置（引自 https://image.baidu.com/）

11.3.4　超导材料行业"新星"

铋在超导材料中的应用主要集中在高温超导体领域，尤其聚焦于铜氧基超导体。这些超导材料的临界温度（T_c）可以超过液氮的沸点（常压下 $-196℃$），因此它们可以在液氮温度下实现超导状态，这比传统的低温超导体需要的液氦温度要高，从而降低了冷却成本。

铋基超导材料（图 11-11）因其高临界电流密度和上临界磁场而被考虑用于制造第二代高温超导带材，这种新型带材采用金属基带上的薄膜外延生长技术，解决了陶瓷性铜氧高温超导体的晶界弱连接和机械加工难等问题，例如超导直流电缆。这种电缆适合长距离输电，具有输电损耗小、传输稳定等特点。铋氧化物超导体（如 $Ba_{1-x}K_xBiO_3$）是高温超导机理研究中的一个重要体系。科学家们通过研究这类材料，探索和理解高温超导的机制，这对于发现新的高温超导体系和提高超导转变温度具有重要意义。

图 11-11　铋基超导材料

(据 https://baijiahao.baidu.com/s?id=1784641293332168090&wfr=spider&for=pc 修改)

11.3.5　"绿色"太阳能电池

铋基钙钛矿太阳能电池以铋(Bi)为关键组分,通过构建 ABX_3 型钙钛矿晶格(如 $Cs_3Bi_2I_9$ 或 $Cs_2AgBiBr_9$),实现光生载流子的高效分离与传输。相较于传统铅基钙钛矿(如 $CH_3NH_3PbI_3$),铋(Bi^{3+})的半数致死量(>5000mg/kg)远高于铅(5mg/kg),且无生物累积风险,在 85℃/85% 湿度环境中,铋基器件效率衰减率小于 10%(1000h),而铅基体系同期衰减大于 50%,欧盟 RoHS 指令(2023 年修订)将铋基钙钛矿列入豁免清单,认可其全生命周期污染负荷仅为铅基的 1.8%。尽管铋基钙钛矿太阳能电池的光电转换效率通常低于铅基钙钛矿电池,但近期信息显示,研究者们在提高铋基钙钛矿太阳能电池的性能上取得了一系列显著进展。例如,中南大学研究团队发表的钙钛矿太阳能电池技术新成果刷新了非铅钙钛矿

图 11-12　铋基钙钛矿太阳能电池

太阳能电池效率纪录。未来的研究可能会集中在进一步提高铋基钙钛矿太阳能电池的光电转换效率，改善其稳定性，以及降低其制造成本上，以推动其商业化应用。总之，随着科学技术水平的不断提高，对铋基钙钛矿太阳能电池的研究也在快速发展，它们的性能有望得到进一步提升。

11.4 未来可期

中国是世界上铋储量和产量最大的国家，对铋元素的深入研究与开发有助于推进矿产资源的综合利用，促进铋产业链的建立和产业的长足发展，具有重要的经济和战略意义。随着对环保和可持续发展的重视，铋作为一种"绿色"金属，其应用前景将越来越广泛。

12 动人心"铍"

12.1 庐山面目

铍是一种稀有的金属元素，元素符号 Be，单质为钢灰色，属于碱土金属（图 12-1），质量轻，坚硬，熔点和热导率高，具有良好的机械性能、热性能和耐腐蚀性能；不溶于冷水，微溶于热水，可以溶于稀盐酸、稀硫酸和氢氧化钾溶液，表现出两性特征。

图 12-1　金属铍

铍在自然界中的含量很低，通常以化合物的形式存在于岩石、土壤、水体和植物等中。在岩石中，铍通常以硅酸盐的形式存在，主要赋存于富含铝和碱性元素的花岗岩、闪长岩、玄武岩和夕卡岩中。此外，铍也可以存在于一些特殊的矿物中，如贝氏石（图 12-2）、绿柱石（图 12-3）、铍铝石和铍锂石等。在土壤中，铍的含量较低，通常以残渣和团粒中的矿物形式存在，其含量与土壤类型、地理位置和气候条件等因素有关。在水体中，铍的存在形式主要有游离态和离子态两种，但由于铍在水中的溶解度较低，因此水体中的铍含量较低（表 12-1）。

12 动人心"铍"

图 12-2　贝氏石

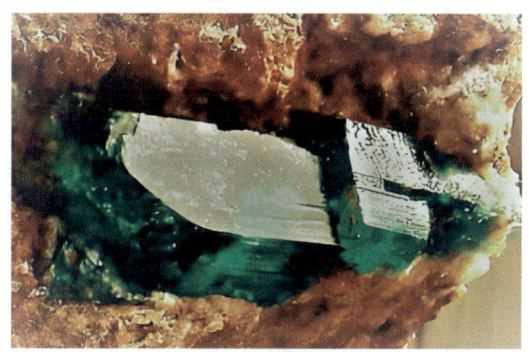

图 12-3　绿柱石

表 12-1　主要含铍矿物

矿石名称	密度/(g·cm^{-3})	$w(BeO)/\%$
绿柱石	2.6～2.8	9.26～14.4
硅铍石	2	43.6～45.67
金绿宝石	3.5～3.8	19.5～21.15
羟硅铍石	3	39.6～42.6
磷纳铍石	2.8	20
铍石	3	100
兰柱石	3.1	17
双晶石	2.6	10
硼铍石	2.3	53

续表 12-1

矿石名称	密度/(g·cm^{-3})	$w(BeO)/\%$
日光榴石	3.2~3.4	8~14.5
白铍石	3	13
蜜黄长石	3	13
香花石	2.9~3.0	15.78~16.3
顾家石	3.03	9.49

  铍矿资源储量相对较少,根据最新数据,全球铍矿储量约为330万t,主要分布在美国、中国、俄罗斯、哈萨克斯坦、巴西等国家。据美国地质调查局发布的数据,美国是全球最大的铍矿生产国,其储量约为170万t,占全球储量的一半以上,主要产出贝氏石、铍云母、绿柱石等铍矿物,其中最为重要的是贝氏石。中国也是全球重要的铍矿生产国,其储量约为80万t,主要集中在新疆、四川、云南等省份,矿石类型以贝氏石和绿柱石为主(图12-4)。此外,江西、福建等华东地区也有一定的铍矿资源分布。据统计,中国的铍矿资源储量约占全球总储量的20%左右,对全球铍市场具有重要的影响力。

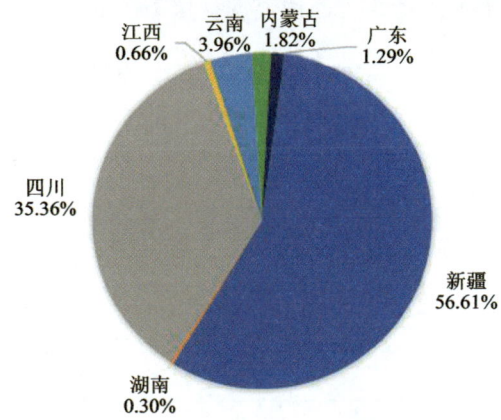

图 12-4 2018 年中国铍资源基础储量分布情况
(引自 https://mp.weixin.qq.com/s?__biz=MzI3MDcwNDkxNA==&mid=2247497657&idx=1&sn=d990d6421e511e8d5d665a791c82f3ea&chksm=eb29b02457e3f3dde6305379e60e9dac02fc09b373a092309292209861de13ae657d2a4dd397&scene=27)

12 动人心"铍"

12.2 前世今生

古装电视剧《大秦帝国》(图 12-5)中秦国将士们英姿不凡、气势如虹,他们手中的武器修长而且锋利,对敌作战中主要用于直刺和砍杀。这种武器在中国古代被叫作"铍",地域不同,叫法也略有不同,最早流行于战国初期,多用青铜铸造,到了西汉中后期逐渐减少,是一种长兵器,相当于现代的刺刀,有文献记载和出土实物为证,例如比较有名的秦俑坑中出土的青铜铍(图 12-6)。

图 12-5 《大秦帝国》电视剧照(引自:https://image.baidu.com/search/)

图 12-6 青铜铍

而今天我们要说的"铍"元素,其发现最早可以追溯到 18 世纪末。法国化学家路易·尼古拉·沃克兰(Louis Nicolas Vauquelin)应法国矿物学家勒内·朱斯特·阿羽依(法文原名:René Just Haüy)的请求对金绿石和绿柱石进行了化学分析,通过观察发现两者的化学成分完全相同,并发现其中含有一种新元素,称它为 Glucinium,这一名词来自希腊文"Glykys",是甜的意思,因为铍的盐类有甜味。

沃克兰于 1798 年 2 月 15 日在法国科学院宣读了他发现新元素的论文,并通过使用金属钙和钾还原氧化铍和氯化铍,获得了金属铍。

1815年,瑞典自然历史博物馆(Swedish Museum of Natural History)的矿物学家丹·霍尔特斯泰特(Dan Holtstam)及同事,在采集自斯德哥尔摩郊外的朗班矿区(Långban Mine)的矿物标本后,分析鉴定出一种含有大量铍的矿物,称为"贝氏石"(Bergslagite),1994年国际矿物学协会批准"贝氏石"成为官方认可的新矿物(IMA编号94-046)。

1898年,德国化学家维勒(F. Wohler)使用电解法成功制出了纯度为99.5%~99.8%的金属铍,并根据希腊语"绿柱石"(Beryllos)对"铍(Beryllium)"进行命名。

12.3 应用天地

12.3.1 医学成像"放大镜"

铍箔因其独特的物理特性,尤其是对X射线的高度透明性,被用作X射线设备的窗口材料,允许X射线有效穿透,同时保持设备内部的真空环境,这对于成像质量至关重要。在CT机(图12-7)和乳腺机(图12-8)等高分辨率医学成像设备中,铍箔是不可或缺的材料,它使得低辐射扫描成为可能,有助于获取更精细的肿瘤图像,从而提高早期乳腺癌的检出率,有助于早期发现并治疗乳腺癌。铍箔还可用于改善X射线光管的强度和稳定性,满足高强度、强稳定性、抗高温和高X射线穿透率等性能要求,作为成像技术的前端科技,持续为医学成像领域提供高性能的材料解决方案,特别是在需要高清晰度和精确度的医学成像应用中。然而,需要注意的是,铍及其化合物具有高毒性,因此在加工和使用过程中必须采取适当的安全措施。

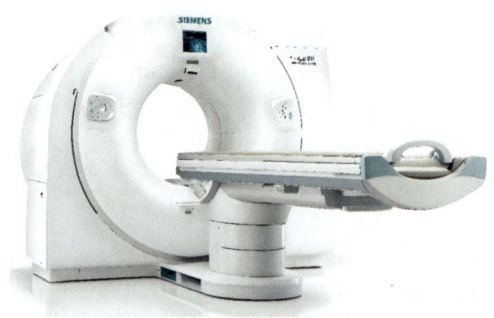

图12-7 CT机

12　动人心"铍"

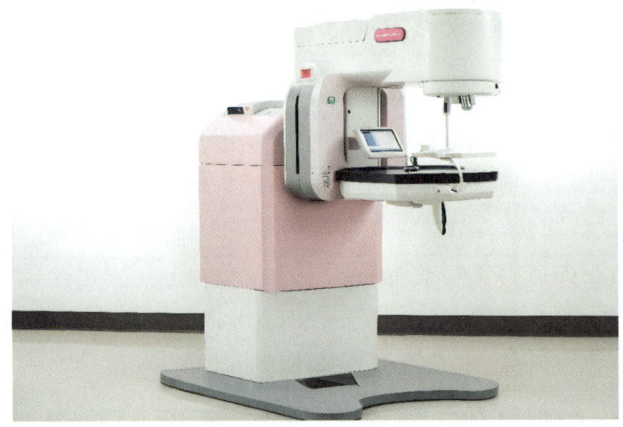

图 12-8　乳腺机（据 https://baike.baidu.com/修改）

12.3.2　导航系统的"心脏"

铍因其低密度、高刚度和优异的机械性能，被广泛用于制造惯性导航系统中的陀螺仪（图 12-9）和加速度计（图 12-10）等关键部件，由其制成的仪表在长时间运行中能够保持高精度和强稳定性，这些部件对于确保导航系统的精确性和可靠性至关重要，相当于导航系统的"心脏"。

图 12-9　陀螺仪

图 12-10　加速度计

（据 https://mbd.baidu.com/newspage/data/dtlandingsuper？nid＝dt_4699948984491963348 修改）

铍材在国防军工领域中的应用能大幅度提高惯性器件的各项性能，对于提升武器系统的精度具有显著作用。美国在民兵系列洲际导弹、战斗机和波音飞机上普遍使用铍制惯性导航系统，这表明铍在国际军工领域的导航系统中同样占据重要地位。

12.3.3 电子材料行业"多面手"

铍在电子行业中的应用主要得益于其独特的物理和化学性质,包括低密度、高熔点、低热膨胀系数、良好的稳定性以及出色的电绝缘性能。铍具有优良的光电效应,常被用于制造电子元器件,如晶体管(图12-11)、二极管和其他半导体器件。氧化铍陶瓷(图12-12)因其高耐火度、高热导率以及优良的电绝缘性能,在电子工业中被用作高热导绝缘材料,成为大功率电子器件和集成电路的理想散热材料,如连接器、继电器等。铍还可以用于制备高纯度的硅铍合金,以及电容器、半导体器件、激光器等高技术产品。

图 12-11　晶体管

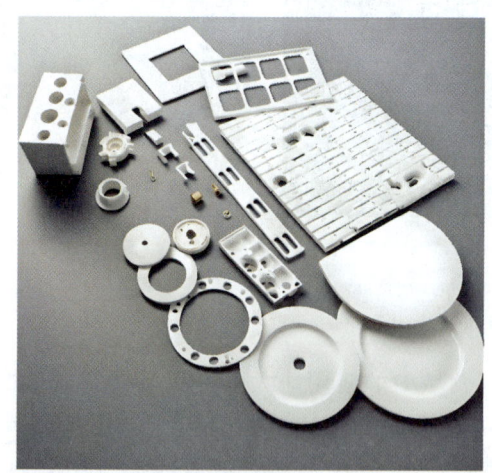

图 12-12　氧化铍陶瓷材料
(引自 https://www.sohu.com/a/502552459_121268904)

12.3.4 核能"助推剂"

铍具有所有金属中最大的热中子散射截面,能够有效减缓快中子的速度,从而提高核反应堆中核裂变反应的效率;作为反射层材料,它能够将逃逸的中子反射回活性区,减少中子的损失,从而提高反应堆的临界体积和中子效率,确保核反应的可控性和安全性。

我国成功开发了用于中子照射分析检测的微型反应堆,所用的反射体包括铍部件,这表明铍在微型反应堆中也有着重要应用。铍的氧化物,即氧化铍,由于其熔点高达 2450℃,具有极好的耐高温性能,常被用作核燃料棒的包壳材料。在可控核聚变装置"东方超环"(EAST)中,铍(Be)被选作面向等离子体的"第一壁"材料,直接承受大于 $10MW/m^2$ 的瞬态热负荷(相当于航天器进入大气层热流的 3 倍)、14MeV 的高能中子辐照和氢/氦等离子体溅射侵蚀,其低原子序数特性可抑制杂质辐射能量损失,同时通过原位氧化生成 BeO 保护层,将氚滞留率降至碳材料的 1/100,为 ITER(国际热核聚变实验堆)与 CFETR(中国聚变工程实验堆)两大核聚变能源研究工程提供了关键材料验证。总的来说,铍及其化合物在核能行业中扮演着多方面的重要角色,不仅能提高核反应效率、增强核设施的安全性能,还能在极端情况下发挥保护作用,铍的应用对于核能技术的发展起到了极其重要的作用。

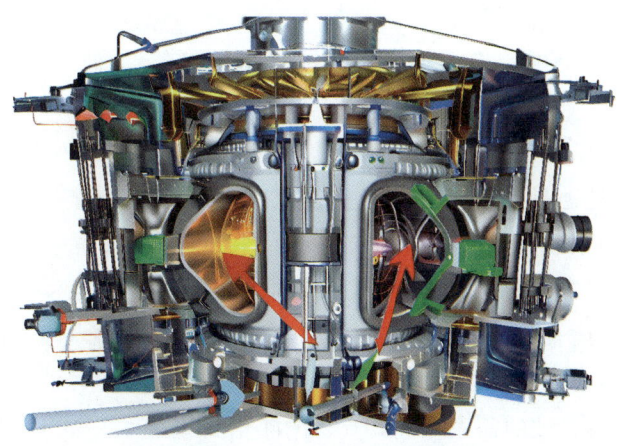

图 12-13 反应堆第一壁

(引自 http://www.360doc.com/content/24/0510/09/51155580_1122871934.shtml)

12.3.5 光学系统"新星"

铍在光学行业中的应用越来越广泛,逐渐成为光学科技舞台上的"新星"。金属铍具有良好的热学性能和对红外线的高反射率(高达99%),被高度抛光后用于卫星等的红外观测光学镜中;根据其轻质和刚度大的特性,也被用于制造大尺寸扫描反射铍镜,这些反射镜的性能优于进口产品,并且实现了进口替代;铍铝合金因其优异的力学和热学特性,被应用于空间光学系统中的反射镜制造,有助于实现空基光电系统的轻量化和高性能。另外,铍也被用于一些高端光学设备中,如天文望远镜(图12-14)和其他精密光学仪器,铍的特性使得铍成为目前高科技光学系统中不可或缺的材料。

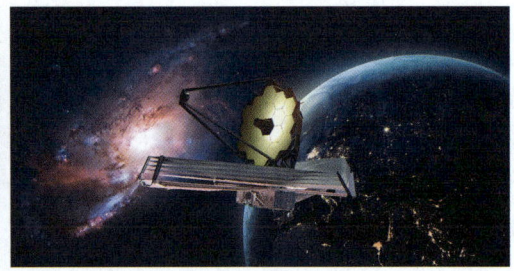

图 12-14　韦伯太空望远镜（引自 https://baike.baidu.com/）

12.4　未来可期

据市场研究机构预测,未来几年内,全球铍矿市场将会保持稳定增长。其中,电子产品和电池是铍矿最大的消费领域之一,占全球铍矿需求的40%以上。此外,铍矿还被广泛应用于航空航天、核能、半导体、新材料等领域。随着新技术的应用推广,对铍矿的需求还将不断增加,特别是新兴技术领域对铍矿的需求呈现出爆发式增长的趋势。随着全球对高科技产品需求的不断增加,以及铍矿资源供应的不足,铍矿的价格将会继续上涨。据美国全球工业分析家公司(GIA)预测,中国对铍的需求量将以7%的年增长率递增。同时,各国也会加强对稀有金属产业的管理和保护,加大对铍矿资源的开发和利用。未来,铍矿将会成为一个热门的投资对象,具有广阔的市场前景。

13 "铪铪"有名

13.1 庐山面目

铪作为一种化学元素,元素符号为Hf,原子序数为72,原子量为178.49,位于元素周期表(过渡金属)第6周期第IVB族,呈银灰色金属光泽,具有高熔点、耐腐蚀性和良好的机械性能,是一种稀有和珍贵的金属(图13-1)。铪的化学性质与锆十分相似,具有良好的抗腐蚀性能,不易被一般酸碱水溶液侵蚀,易溶于氢氟酸而形成氟合配合物。高温下,铪也可以与氧、氮等直接化合,形成氧化物和氮化物。

图 13-1 金属铪

铪在自然界中主要以杂质形式存在于锆石(图13-2)、钛铁矿和独居石等矿石中,并以微量的形式存在于海洋沉积物中。铪最常见的赋存形式是作为主要的杂质存在于锆石($ZrSiO_4$)矿石中,锆石广泛分布于地壳中的岩石和沉积物中,包括花岗岩、碱性岩石、砂岩和沉积矿床等,铪也可以在钛铁矿($FeTiO_3$)等钛矿物中找到,钛铁矿广泛存在于火山岩和沉积岩中,钛矿物

图 13-2 锆石

中的铪通常以固溶体的形式存在。独居石（ThSi₂）是一种稀有矿物，含有一定量的铪。独居石主要存在于铀矿床和其他含铀矿石中，是铀矿石的常见伴生矿物之一。

澳大利亚是全球最大的铪矿生产国，其中，西澳大利亚州的格林布什矿床是全球最大的铪矿产地之一，南非、美国、巴西和中国等国家紧随其后，所属矿床富含锆石和钛铁矿，含有丰富的铪矿资源。中国江西省、福建省和海南省的铪矿资源最为丰富。

13.2 前世今生

1923年，瑞典化学家乔治·德海韦西和荷兰物理学家D.科斯特在挪威和格陵兰所产的锆石中发现铪元素，并将其命名为Hafnium，它来源于哥本哈根城的拉丁名称"Hafnia"。1925年，德海韦西和科斯特用含氟络盐分级结晶的方法分离掉锆、钛，得到纯的铪盐；用金属钠还原铪盐，得到纯金属铪。德海韦西制得了几毫克纯铪样品。

因铪的工业化提取始终依附于锆矿开发，所以不存在真正意义上的"最早铪矿产地"。20世纪初，随着铪元素在航空航天、核工业和化工等领域的需求增加，从锆矿中分离和提取铪的商业活动逐渐展开。20世纪中期，澳大利亚、南非等主要锆矿生产国大规模开发锆石砂矿，从而综合回收了其中伴生的铪。随后，美国、巴西等国家也不断有新的（伴生有铪的）锆矿资源被发现。

随着铪矿的商业开采和应用需求的增加，科学家和工程师在铪矿的研究和开发方面投入了大量精力。他们致力于改进铪矿的提取和纯化技术，以提高产量和纯度。这些技术的进步不仅满足了不同行业的需求，也促进了铪矿产业的可持续发展。

13.3 应用天地

铪被广泛应用于航空航天、核工业、化工和电子领域，是原子能工业的重要材料。

13.3.1 飞行器中的"首选"合金

铪具有高强度、耐腐蚀和耐高温的特性,它被广泛用于制造航空发动机、涡轮叶片、燃烧室、航天器外壳等关键部件。铪合金可以提高材料的强度和耐蚀性,同时减轻结构重量,提高飞行器的性能和燃油效率。比较典型的是加入适量铪的钛合金(图13-3),其力学性能和耐腐蚀性能得到大幅提高,已经成为飞机发动机和航天器结构材料的理想选择,尤其是用于导航系统和控制系统中的高性能电子器件。此外,需要在极端高温环境里运行的飞行器的部件中,铪作为耐高温材料的重要组成部分,能够最大限度地保持部件结构的完整性和性能。

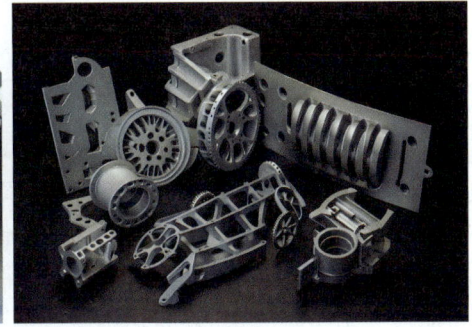

图 13-3　铪钛合金(引自 https://image.baidu.com/)

13.3.2 核反应的"控制师"

铪具有高熔点、良好的导电性和化学稳定性,在核工业中扮演着重要的角色,其最重要的用途是在核反应堆中作为控制棒的材料。在核反应堆的设计中,铪原子具有较强的捕获中子能力,能够有效地吸收中子,可以作为中子吸收剂来控制核反应的速率(图13-4)。同时,铪能够反射逃逸的中子回到反应堆核心,提高反应堆的安全性和反应效率。在不需要进行链式反应时,铪可以帮助降低反应速率,实现对核反应的精准控制。铪还可作为核燃料的包壳材料,由于其耐高温和耐腐蚀的特性,能够保护核燃料并提高其热导率和机械强度,从而提高燃料的性能和寿命,防止放射性物质的泄漏。

图 13-4　铪原子捕获中子

13.3.3　医药化工的催化剂

铪可作为催化剂或催化剂的组成部分，用于促进化学反应的进行。特别是在石油炼制、石化和化学合成等需要耐高温和耐腐蚀环境的化工过程中，铪催化剂（图 13-5）能够提高反应速率和选择性，降低反应温度和能耗，从而实现高效、环保的化学生产。铪被研究用于药物载体的开发，利用其特定的化学性质来控制药物的释放。虽然不直接属于医药化工领域，但铪在原子能工业中的应用，如作为中子吸收体，能间接影响医药化工行业，特别是在放射性同位素的生产和应用方面。随着对铪产品性能研究的深入，铪在牙膏和美容产品中展现出巨大的使用空间，这可能涉及医药化工产品的开发。

图 13-5　铪催化剂（据 https://baike.baidu.com/修改）

13.3.4 氧化铪——激光薄膜界的"老大"

铪化合物的高折射率、低色散性和良好的光学透明性使其成为制造光学玻璃、光学镀膜和光学纤维等的关键材料。

铪的化合物,尤其是氧化铪(HfO_2),因其高折射率和高透光性,被称为激光薄膜界的"老大"。氧化铪薄膜在紫外到红外区域具有较宽的透明窗口,这使其可以用于多种激光波长的光学系统中。因具有高激光损伤阈值,氧化铪薄膜适用于高功率激光系统的光学元件,如激光反射镜(图 13-6)和激光透镜;高折射率可用来设计高性能的激光薄膜(图 13-7),如增益介质薄膜和高反射膜。

图 13-6　高损伤阈值激光反射镜

图 13-7　高损伤阈值激光薄膜

13.3.5 电子行业不可或缺的"一员"

铪具有良好的导电性和热传导性,被用于制造电子元器件、电子线路和电极材料等,成为高性能电子器件的关键材料。在半导体技术中,铪常被用作晶体管的栅极材料,特别是在先进的集成电路中;因其高介电常数,铪也被用于制造需要高电容密度和较好稳定性的电容器;铪的氧化物(HfO_2)是一种高介电常数材料,被用于制造更小尺寸的集成电路,作为绝缘层材料,有助于缩小电子器件的尺寸并提高其性能;铪及其合金在电子束蒸发过程中用作薄膜沉积材料,用于制造某些类型的传感器和显示器。铪已逐渐成为电子行业中不可或缺的元素。

13.4 未来可期

随着科技的不断进步和全球经济的发展,铪作为一种重要的稀有金属,在全球市场上具有广阔的前景。

铪在航空航天、核能、医疗器械、化工、钛合金、光学和电子等领域的广泛应用,使得市场对铪矿的需求不断增长。根据市场研究报告,全球铪矿需求量预计将以5%年均增长率增长,到2026年将达到110万t。

除了传统的航空航天、核能和医疗器械等领域,铪矿在新兴领域也有巨大的潜力。例如,新能源汽车的快速发展推动了对轻量化材料的需求,铪合金在这方面具有重要的应用前景。此外,随着6G、物联网和人工智能等技术的兴起,对高性能电子器件和通信设备的需求也将促进铪矿市场的增长。

尽管对铪矿的需求增长迅猛,但全球铪矿资源相对稀缺,供应相对紧张。由于供应紧张和需求增长的不平衡,铪矿价格一直波动较大。近年来,铪矿价格呈现上涨趋势。根据市场分析,预计未来几年内,铪矿价格仍将保持相对稳定的上升趋势。

为了应对铪矿资源的稀缺和价格波动,研究人员和产业界正在积极寻找替代材料和回收利用的途径。一些新型材料和技术正在被开发,以替代或减少对铪矿的依赖。例如,研究人员正在探索使用其他稀有金属或合金来替代铪合金,以满足特定应用的需求。同时,对废弃铪材料和废旧设备的回收利用也成为一种重要的途径,以减少对原生铪矿的需求。

综合而言,随着新兴领域的快速发展和对高性能材料的需求增加,对铪矿的需求将继续增长,铪矿市场具有广阔的前景,但同时也面临着供需紧张和价格波动的挑战。

14 "铟"小见大

14.1 庐山面目

铟（Indium）是一种（稀散）化学元素，元素符号为 In，原子序数为 49，原子量为 114.818，位于元素周期表第 5 周期第 IIIA 族。铟是一种后过渡金属（图 14-1），单质外观如锡，呈银白色并略带淡蓝色，质地非常软，是除碱金属外最柔软的金属，能用指甲刻痕，可塑性强，有延展性，可压成片。

图 14-1 金属铟

铟不溶于水，熔点比钠和镓高，但低于锂和锡。化学上，铟类似于镓和铊，性质介于两者之间，有微弱的放射性，在使用中应尽可能避免直接接触。金属铟主要用于制造低熔合金、轴承合金、半导体、电光源等。

铟在地壳中的平均丰度约为 0.1×10^{-6}，是一种典型的稀有分散金属元素。它主要以类质同象的形式赋存于闪锌矿、铁闪锌矿等锌的硫化物矿石中，但在这些矿石中的含量极低，通常仅为百万分之几至千分之几。铟极少形成具有经济价值的独立矿物。目前工业上的铟几乎全部来自开采和冶炼锌、铜、锡等金属产生的副产品。在极少数情况下，铟可以形成如硫铟铜矿（$CuInS_2$）等独立矿物，但它们通常与其他硫化物矿物共生，且分布极为稀少，不具有商业开采意义。

铟矿在地壳中的储量比较稀少，中国是全球最大的铟矿生产国和储量拥有国。据统计，中国的铟矿储量约占全球总储量的 72%，主要的铟矿位于云南、广

西、内蒙古等省（区），其中云南省怒江地区的铟矿资源最为丰富。怒江地区的铟矿床主要为含铟萤石矿床，储量巨大，为全球铟供应做出了重要贡献（图 14-2）。加拿大也是全球重要的铟矿产国之一，拥有丰富的铟矿储量，该国的主要铟矿产地为新不伦瑞克省的 Belledune 矿山，该矿山的铟矿床主要为含铟萤石和黄铜矿床。加拿大的铟矿储量在全球范围内也占据一定比例。韩国也是一个重要的铟矿产国，拥有可观的铟矿储量，该国的主要铟矿产地为京畿道的温州矿山，铟矿床主要为含铟萤石矿床，韩国在铟矿的生产和加工方面也具有一定的优势。波兰是欧洲重要的铟矿产国之一，拥有相对丰富的铟矿储量，主要铟矿产地为 Szklary 矿山，铟矿床主要为含铟萤石矿床。该矿山的铟矿床具有较高的品位和储量。

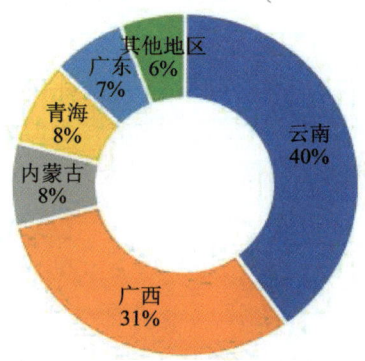

图 14-2　我国铟矿储量分布

（引自 https://kpwhbjb.cgl.org.cn/article/2023/2096-9791/2096-9791-34-1-20.shtml）

此外，其他国家如俄罗斯、澳大利亚、秘鲁和玻利维亚等也有一定的铟矿资源。总体而言，全球铟矿储量相对较少，大部分集中在少数几个国家。

14.2　前世今生

在 19 世纪 60 年代，德国化学家赖希和里希特发现了铟元素。铟的发现要归功于铊元素的发现，在铊被发现和取得后，时任德国弗莱贝格（Freiberg）矿业学院物理学教授的赖希由于对铊的一些性质感兴趣，希望得到足够的金属进行实验研究。他在 1863 年开始在希曼尔斯夫斯特（Himmelsfürst）矿区出产的锌矿中寻找这种金属。这种锌矿石的主要成分是含砷的黄铁矿、闪锌矿、辉铅矿、硅土、锰、铜和少量的锡、镉等,赖希认为其中还可能含有铊。虽然实验花费了很多时间,但他却没有获得期望的元素,反而得到了一种不知成分的草黄色沉淀物。他假设这是一种新元素的硫化物。

为了证明这一假设,赖希打算利用光谱进行分析。可是赖希是色盲,只得请求他的助手里希特进行光谱分析实验。里希特的第一次实验就成功了,他在分光镜中发现一条靛蓝色的明线,位置和铯的两条蓝色明亮线不吻合,就用希腊文中"靛蓝"(Indikon)一词命名它为 Indium(铟)。两位科学家共同署名发表了发现铟的报告。分离出金属铟是他们两人共同完成的。他们首先分离出铟的氯化物和氢氧化物,利用吹管在木炭上将它们还原成金属铟,并于1867年在法国科学院展出金属铟。

铟的发现引起了科学家的广泛兴趣,许多科学家开始研究这种新元素的性质和应用。随着技术的进步,铟被广泛应用于航空航天、汽车工业和化工领域,用于制造半导体材料、太阳能电池、高温超导材料和光学玻璃等。尽管铟在各种领域中的应用价值不断增加,但由于它在地壳中的稀有性,铟资源相对有限,人们对铟矿资源的开采和利用的研究也在不断深入。

14.3 应用天地

由于其独特的性质,铟在电子产业、能源产业、化工、医疗和其他领域有着广泛的应用(图14-3、图14-4)。

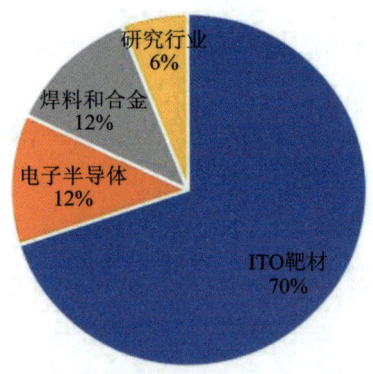

图14-3 铟的主要应用领域分布(引自百度网)

14 "铟"小见大

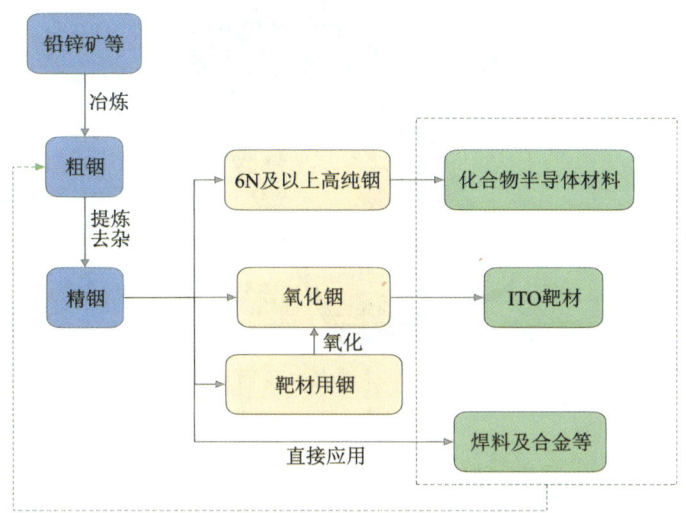

图 14-4　铟的产业链流程

14.3.1　核心导电材料

铟因其优良的电子迁移率,被用于制造高性能的半导体材料,如铟镓锌硒(CIGS)薄膜(图 14-5)太阳能电池,这种电池具有高光电转换效率和良好的环境适应性。铟锡氧化物(ITO)因其高透明度、导电性和热反射性,被广泛应用于电子显示屏(图 14-6)的制造,如笔记本电脑、液晶电视、智能手机等。此外,铟在制造高效能的 LED 照明产品过程中也有应用。

图 14-5　铟镓锌硒(CIGS)薄膜

图 14-6　液晶显示器

14.3.2　国防领域重要战略材料

在航空航天和国防领域中，铟也用于制造中子探测器等关键部件。铟锡氧化物（ITO）薄膜可以应用于飞机的挡风玻璃，提高其除雾和除冰的性能。铟因其良好的中子吸收能力，可以作为核反应堆中的控制棒材料。铟合金因其低熔点和耐腐蚀性，在航空航天领域的某些关键部件制造中得到应用（图14-7）。

图 14-7　铟合金航空发动机（据 https://image.baidu.com/修改）

14.3.3　低熔点合金关键元素

铟因其低熔点的特性，常与其他金属（如铋、镉、铅、锡等）形成合金，这些合金的熔点会降低，因此可以应用在许多不同的领域中，例如眼镜制造、涡轮叶片制造等。铟可用作钎焊料，尤其在无铅焊料（图14-8）的发展中，铟的应用日益增加;可用于消防系统的断路保护装置及自动控制系统的热控装置;添加少量铟制造的轴承合金,其使用寿命是一般轴承合金的 4~5 倍;铟对中子辐射敏感,可用作原子能工业的监控剂量材料;铟合金还可用于牙科医疗、钢铁和有色金属的防腐装饰件、塑料金属化等方面(图 14-9);铟因其较强的抗腐蚀性及对光的反射能力,可制成军舰或客轮上的反射镜。

图 14-8　铟无铅焊料

图 14-9　氧化铟锡镜片

14.3.4　催化剂与材料"双重角色"

铟催化剂在精细化工行业中有新的应用(图 14-10),例如维生素和关键中间体的合成,铟催化剂在精细化工领域展现出新的应用潜力,尤其在维生素(如维生素 K_2、D_3)及药物关键中间体(如多烯类化合物)的合成中。其代表性反应包括 Friedel-Crafts 烷基化、Wagner-Meerwein 重排、Heck 反应以及环化反应等。铟化合物(如铟锑化合物)被用作电子和光电器件的半导体材料。铟被广泛应用于新能源材料和精细化工材料,液晶显示器及镀膜玻璃对铟制品的强烈需求推动铟产业的发展。另外,铟因其抗腐蚀性强、延展性高和流动性好的特性,可用于化工设备的涂层,以提高设备的耐腐蚀性和使用寿命。

图 14-10　铟催化剂——纳米氧化铟粉

14.3.5　医疗领域中的放射治疗与"绿色"材料

铟可以用于临床医学中的肿瘤放射治疗(图 14-11),作为放射性核素显影的一部分。铟合金因其熔点低的特性,可用于某些医疗设备的制造,例如牙科

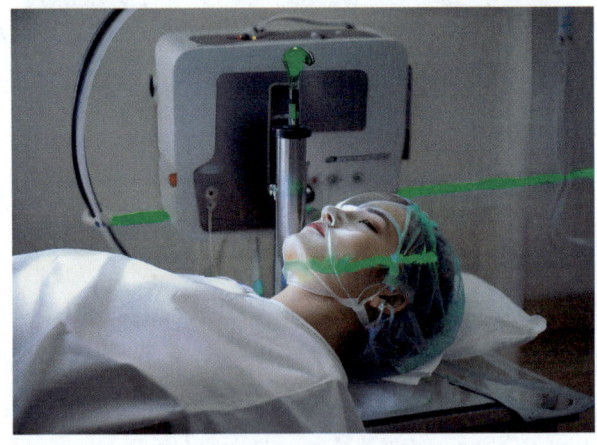

图 14-11　放射治疗

医疗中的一些特殊合金材料。铟在无汞碱性电池（图 14-12）中作为缓蚀剂，有助于使电池成为绿色环保产品，这在医疗卫生领域中可用于提供安全、环保的能源解决方案。铟涂层在汽车制造业中的应用可能普及到医疗卫生行业中，用于防止医疗设备表面的雾化和结露。铟对中子辐射敏感，可以作为原子能工业的监控剂量材料，这可以在医疗监测领域中有所应用。

图 14-12　无汞碱性电池

14.4　未来可期

由于铟的应用领域不断扩大，特别是在电子、通信和太阳能等领域的需求增长迅速，预计未来铟的供需缺口将进一步扩大。因此，铟矿的市场前景广阔，其价格和供应情况将继续受到关注，并可能引发全球铟市场的动荡。根据市场研究数据，截至目前，全球铟市场的年需求量为 6000～7000t，而供应量仅为 4000～5000t，存在一定的供需缺口。预计未来几年内，铟的需求将继续增长，尤其是铟在高科技领域的应用将推动铟需求的增长。根据一些分析机构的预测，未来几年全球铟市场的年复合增长率可能达到 5% 以上。

铟的稀缺性和高价值使全球铟市场容易受到供应风险的影响。为了确保稳定的铟供应，各国政府和相关产业部门不断加强对铟资源的勘探和开发，提高铟矿的开采效率和资源回收利用率，以及开发多样化供应渠道，以满足不断增长的铟需求，推动相关产业的发展和创新。铟作为一种战略性矿产，对于推动高科技产业和可持续发展也具有重要意义。

15 不可低"钴"

15.1 庐山面目

钴元素符号Co,原子序数27,相对原子量58.93,密度8.9g/cm³,硬度5.6,熔点1495℃,沸点2870℃,为银白色金属(图15-1),具有铁磁性、延展性。钴在硬度、抗拉强度、机械加工性能等方面与铁和镍相似,钴基合金和含钴合金具有较好的耐热性、耐磨损、抗腐蚀性,广泛应用于工业生产中。钴的分布广泛,在铁、镍、铜等矿石中都含有微量的钴,天然水、泥土、植物中也发现有钴的踪迹,独立的钴矿物(图15-2)极为少见,在地壳中平均含量为$(10\sim20)\times10^{-6}$,所以钴是一种非常稀缺的金属资源,也是重要的战略性资源之一,有"工业味精"和"工业牙齿"之称。

图15-1 金属钴

图15-2 钴矿石

钴在自然界中主要以3种形式存在:一是含有钴的独立矿物,如辉砷钴矿、硫钴矿、钴华等,这类矿物中钴含量最高;二是"镶嵌"在黄铁矿、磁黄铁矿等硫化物晶体结构中的钴;三是以钴离子状态吸附在某些矿物表面。其中以第二种

存在形式最为普遍。地球上已发现的含钴矿物有100多种,主要的钴矿物有硫钴矿(Co_3S_4)、纤维柱石($CuCo_2S_4$)、辉砷钴矿($CoAsS$)、砷钴矿($CoAs_2$)、钴华($3CoO·As_2O_5·8H_2O$)等。

钴多以伴生的形式存在于其他金属矿床中,主要在砂岩型铜矿床、岩浆型铜镍矿床和红土型镍矿床中,钴资源储量中镍钴伴生占50%,铜钴伴生占44%,原生钴仅占6%。根据美国地质调查局数据,2020年全球钴资源储量约为700万t,刚果(金)是最大的资源国,钴资源储量为360万t;其次是澳大利亚,钴资源储量为140万t;中国钴资源储量约为8万t。钴资源的缺乏使得中国每年不得不依赖大量进口来满足自身的需求。

15.2 前世今生

钴的发现经历了从"恶魔"到"宝贝"的过程。钴的英文名为"Cobalt",来源于德文的"Kobold",意为"恶魔、坏精灵"。1733年,在德国萨克森自由州的一座银铜矿开采过程中,矿工们发现了一种外表类似于银的矿石,他们便拿来冶炼,没想到在此过程中有很多工人因此而丧命,当时人们认为这是"恶魔"在作祟。钴被赋予了"恶魔"之名。后来科学家研究发现,这种银白色的矿石主要成分是辉砷钴矿($CoAsS$),该矿物在高温下会释放出含有砷的有毒气体,这才是工人死亡的元凶。自此,钴才逐渐摆脱了"恶魔"的罪名,但"恶魔"的叫法却沿用至今。

1753年,瑞典化学家布兰特(G. Brandt)从辉钴砷矿中分离出银灰色带有浅玫色的金属,是纯度较高的钴。因此,布兰特被认为是钴的发现者。1780年,瑞典化学家伯格曼(T. Bergman)在实验室提纯得到纯度较高的钴,并确定其为金属元素。1789年,法国著名化学家安托万-洛朗·拉瓦锡(Antoine-Laurent de Lavoisier)首次将钴列入元素周期表(图15-3)。

其实,钴在人类生活中的应用至少有3000年的历史。古罗马人和古希腊人曾用钴的化合物来制作深蓝色玻璃(图15-4)。同一时期,在中国唐朝的唐三彩器物上的蓝色就是以含钴矿物作为着色颜料,在古埃及图坦卡蒙法老的坟墓中发现了一块用钴的化合物染成深蓝色的玻璃器物。

揭秘"关键矿产" JIEMI "GUANJIAN KUANGCHAN"

图 15-3　钴元素在元素周期表中的位置

图 15-4　欧洲教堂中的玫瑰花窗
（据 https://www.sohu.com/a/765205166_121124800 修改）

15 不可低"钴"

青花瓷是我国瓷器的代表之一,成熟的青花瓷技艺出现在元代的景德镇,到明代,青花瓷成为瓷器的主流。青花瓷上的"青花"是以钴料(含氧化钴)为原料,在瓷坯上描绘图案,再罩上透明釉经高温烧制而成(图 15-5)。

图 15-5　青花瓷碗

钴蓝是一种带绿光的蓝色粉末,从 19 世纪开始逐渐成为蓝色颜料的重要成分。它因耐热、耐光、耐腐蚀且颜色鲜亮独特,深受后印象派画家的喜爱,如梵高的著名油画《星月夜》(图 15-6)就是用钴蓝绘画的蓝色夜空。

图 15-6　梵高著名油画《星月夜》(据 https://www.baidu.com/修改)

15.3 应用天地

目前，钴主要用于制造磁性材料、超级合金、航天器部件、电池材料等，同时在医疗行业也有广泛的应用。

15.3.1 高科技制造领域

磁性材料是重要的功能性材料，在电子工业和高科技制造领域有着非常重要的作用。钴是只需磁化一次就能长久保持磁性的金属之一。在热作用下，失去磁性的温度叫作居里点，铁的居里点为769℃，而钴可达1150℃。在相同环境里，含钴的磁性材料能保持较为稳定的磁性，因此被大量应用于高性能磁性材料的制造。钴具有很好的耐高温、耐腐蚀性，是制造优质合金的重要材料。刀具钢中含有一定量的钴，可以明显提高刀具的耐磨性和切削性能。含钴50%以上的合金在1000℃下还能保持原有的硬度，是制造高温喷气式发动机（图15-7）、航空涡轮发动机、汽轮机的重要材料，被广泛应用于航空航天和国防现代化建设中。

图15-7 钴质航空发动机（据 https://baike.baidu.com/修改）

15.3.2 电池领域

1979年，钴酸锂电池（图15-8）诞生，钴首次被应用在充电电池领域。它因为优秀的安全性，被广泛应用在智能手机、平板电脑、笔记本电脑、智能穿戴设备、储能设备和电动自行车上，从而开启了一个全新的时代。近些年，随着新能源汽车行业（图15-9）的蓬勃发展，电池技术不断实现突破，大家所熟知的三元锂电池被广泛应用于新能源汽车领域，钴正是该电池正极材料之一。

15 　不可低"钴"

图 15-8 　钴酸锂电池

图 15-9 　新能源汽车(据 https://www.baidu.com/修改)

15.3.3 　医疗领域

钴在医疗领域中也有广泛应用,钴的放射性同位素钴 60(^{60}Co)常被作为放射源治疗癌症,现阶段钴-60 治疗机已成为我国肿瘤放疗的重要设备之一。在青霉素中加入适量的钴,可以提高其疗效。在人工关节材料和牙科填充剂中也会用到钴。此外,钴也是人体所必需的微量元素之一,成年人体内大约含有 1.1mg,广泛分布于全身,它是维生素 B_{12}(图 15-10)的重要组成部分,可帮助人体产生红细胞。人体缺乏钴会导致食欲不振、恶性贫血、乏力等症状。当然,人体若摄入过量的钴也会钴中毒,会引发红细胞增多症、甲状腺增生、神经性耳聋等。

揭秘"关键矿产" JIEMI "GUANJIAN KUANGCHAN"

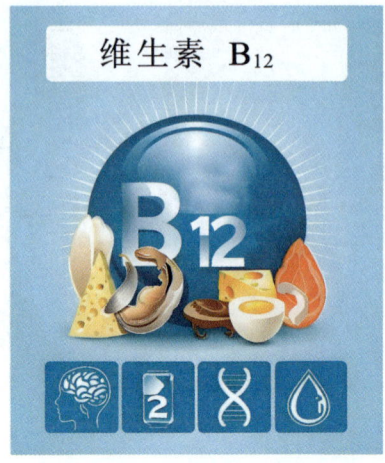

图 15-10 维生素 B_{12}

15.4 未来可期

随着世界科技的进步,钴在现代工业体系中发挥着不可替代的作用。美国和欧盟各国都将钴列入影响国家和地区安全及未来经济发展的关键性矿物和材料清单,我国也将钴列入战略性矿产名录。目前,按照各国新能源汽车发展规划,全球钴资源将面临供给短缺的风险。根据北京安泰科信息股份有限公司(英文名:Beijing Antaike Information Co., Ltd.)统计,2021 年中国钴的消费量约 11.5 万 t,其中电池领域占比 87%,位居第一;硬质合金占比 4%,位居第二;陶瓷占比 3%,位居第三。中国钴的消费量约占全球总消费量的 66%,是名副其实的全球第一大钴消费国。

随着钴的回收利用技术不断成熟,循环再利用也成为钴供应的重要途径。目前,很多资源回收企业从废旧电池中提取钴(图 15-11),在一定程度上缓解了钴资源供给紧张的状况。2018 年,工业和信息化部等多部委联合发布了《新能源汽车动力蓄电池回收利用管理暂行办法》,为废旧电池回收和提炼钴等资源提供了政策扶持和保障。从理论上讲,如果所有被消费的含钴电池都能被回收利用,那么到 2030 年,全球每年只需 10 万 t 的钴供应量就能满足生产需求。然而目前全球电池回收率仅为 25%~50%,还有很大的提升空间。为更高效地进

行资源回收利用,减少对自然环境的破坏,我们一定要做好垃圾分类,将废旧的含钴电池投放到电池回收桶中,这样既能避免环境污染,又能为保障国家战略安全贡献力量!

图 15-11　废旧电池回收利用(据 https://www.baidu.com/修改)

后　记

　　随着社会经济的发展和各国工业的转型升级，"关键矿产"高频出现在美国、英国、欧盟各国等许多西方发达国家的官方报告中，已成为大国竞争的焦点之一。党的二十大和中央经济工作会议分别明确提出"加强重点领域安全能力建设，确保粮食、能源资源、重要产业链供应链安全""加强重要能源、矿产资源国内勘探开发和增储上产，加快规划建设新型能源体系，提升国家战略物资储备保障能力"，可见"关键矿产"重要性日益凸显，它们如同现代社会的脉络，支撑着全球的科技进步和经济发展。本书正是在这样的背景下，选择了全球高度关注的稀土等15个关键矿种，进行了深入的剖析解读，以期揭开"关键矿产"的神秘面纱，揭示其背后的科学逻辑和面对的现实挑战。

　　关键矿产，这个看似陌生的名词，实则是我们生活中的隐形力量。从智能手机到电动汽车，从卫星导航到风力发电，这些高科技产品都离不开关键矿产的支撑。这些矿产的稀缺性、分布的不均衡性以及开采过程中对环境的影响，使得它们的供应安全直接影响到国家的科技竞争力和战略安全。全球关键矿产供应链交织成一张错综复杂的网，其上游、中游和下游环节往往被少数国家主导，这种供应链的脆弱性导致各国对关键矿产的掌控成为一场悄无声息的"战争"。

　　全球矿产供应链的未来发展趋势揭示了挑战与机遇并存，供应链安全风险将由上游蔓延至全产业链，分工将呈现区域化和集团化，面临贸易保护主义和资源民族主义的挑战，绿色竞赛将推动全球矿产供应链重构。这要求各国在矿产资源的开发和利用上，不仅要考虑经济效益，更要兼顾环境和社会责任，实现绿色低碳的转型发展，以确保矿产资源的可持续利用。

　　《揭秘"关键矿产"》不仅是一部科普读物，更是对全球矿产博弈和绿色转型的深度思考。在揭示关键矿产秘密的同时，它也为我们描绘了一幅矿产资源未来发展的蓝图。面对矿产资源的挑战，全球需要携手合作，共同构建一个安全、

后 记

绿色、可持续的矿产资源供应链,为人类的未来铺就坚实的道路。

后记,既是结语,也是新的开始。在丰富多彩的矿产资源世界里,我们既是探索者,也是建设者。让我们一起努力,通过《关键矿产》这首以科技和绿色为主题的交响曲,奏响人类不断进步的新篇章。

主要参考文献

陈毓川,2019.加强关键矿产研究,助力新兴产业发展壮大[J].地质学报,93(6):1187.

王登红,2019.关键矿产的研究意义、矿种厘定、资源属性、找矿进展、存在问题及主攻方向[J].地质学报,93(6):1189-1209.

袁博,王国平,李钟山,等,2015.我国稀土资源储备战略思考[J].中国矿业,24(3):28-30,48.

郑绵平,2023.电动中国"锂"从何来[J].科学中国人(12):30-31.

张照志,潘昭帅,车东,2024.基于中国锂矿床及资源特征的2024—2035年锂供需形势分析[J].中国矿业,33(6):26-44.

罗英洁,1960.稀散金属锗中 上[J].有色金属(2):25-32,43.

赵汀,王登红,刘超,等,2019.中国锗矿成矿规律与开发利用现状[J].地质学报,93(6):1245-1251.

刁理品,2021.金属百科——锑[J].大众科学(7):34-37.

张慧,唐晖,刘筱舟,2023.湖南省锑矿开发利用产业链现状[J].四川有色金属(3):5-8,17.

陈仁凤,龙涛,陈其慎,等,2024.新型储能金属钒资源需求预测与供应分析[J].中国工程科学,26(3):74-85.

尹兆波,高利坤,饶兵,2024.我国铌矿资源概况及选矿技术进展[J].矿产保护与利用,44(1):115-125.

刘霏,2013.全球铌矿资源的勘探开发与投资研究[J].中国矿业,22(7):135-137.

郭其悌,王一先,王贤觉,等,1973.褐钇铌矿族矿物的研究[J].地球化学(2):86-92.

张银,2019.中国铌资源需求预测及供应安全战略研究[D].北京:中国地质大学(北京).

匡兵,2019.钨矿尾矿在建材行业的综合利用[J].砖瓦(12):77-79.

主要参考文献

李衍军,2000.我国钨矿现状和前景[J].中国钨业(2):8-12.

孔昭庆,2007.百年沧桑 百年辉煌——中国钨业百年历史回顾与展望[J].中国钨业(4):1-6.

邓伟,颜世强,谭洪旗,等,2023.我国铍矿资源概况及选矿技术研究现状[J].矿产综合利用(1):148-154.

张森,鞠楠,伍月,等,2023.铍矿分布特点、主要类型与勘查开发现状[J].中国地质,50(2):410-424.

陈子瞻,郭冉启,韩梅,等,2023.中国铍资源供给风险分析[J].地球学报,44(2):369-377.

金末梅,朱照照,2009.江西某锆铪矿选矿试验研究[J].矿冶,18(4):17-19.

罗培麒,付勇,唐波,等,2023.中国镓矿分布规律、成矿机制及找矿方向[J].地球学报,44(4):599-624.

张丽曼,张会,梁倩,等,2022.镓矿资源的分布、发展概况及中国发展镓产业的思考[J].矿产勘查,13(8):1235-1240.

敦妍冉,荆海鹏,洛桑才仁,等,2019.全球镓矿资源分布、供需及消费趋势研究[J].矿产保护与利用,39(5):9-15,25.

赵汀,秦鹏珍,王安建,等,2017.镓矿资源需求趋势分析与中国镓产业发展思考[J].地球学报,38(1):77-84.

霍文敏,陈甲斌,2020.全球铟矿资源供需形势分析[J].国土资源情报(10):34-38.

孙爱辉,邹坚坚,2023.国外某镍钴矿资源综合利用研究及应用[J].矿产综合利用(1):99-103,114.

寇文文,2022.全球钴锂双层贸易格局演变及锂电池技术进步的影响研究[D].长沙:中南大学.

刘超,陈甲斌,2020.全球钴资源供需形势分析[J].国土资源情报(10):27-33.